高压海底电力电缆
运行与检修

葛军凯　主编

张秀峰　丁明磊　丁同臻　参编

中国电力出版社
CHINA ELECTRIC POWER PRESS

内 容 提 要

本书围绕高压海底电力电缆的运维检修技术发展，结合舟山群岛新区电网海缆运维检修工程实际，以理论和实际案例相结合的方式，重点对高压电力海缆的运维检修内容和方法进行整理编写，为人们了解、学习高压海缆的相关知识提供了方向。

本书可供高压海底电力电缆运行检修人员培训学习，电气工程相关专业的学生学习使用，也可供从事高压海底电力电缆生产制作及设计的工程技术人员及科研人员参考。

图书在版编目（CIP）数据

高压海底电力电缆运行与检修/葛军凯主编 .—北京：中国电力出版社，2020.12
ISBN 978 - 7 - 5198 - 5137 - 8

Ⅰ.①高…　Ⅱ.①葛…　Ⅲ.①海底－高压电缆－电力电缆－输配电线路运行②海底－高压电缆－电力电缆－检修　Ⅳ.①TM247

中国版本图书馆 CIP 数据核字（2020）第 215420 号

出版发行：中国电力出版社
地　　址：北京市东城区北京站西街 19 号（邮政编码 100005）
网　　址：http://www.cepp.sgcc.com.cn
责任编辑：杨　扬（010 - 63412524）
责任校对：黄　蓓　马　宁
装帧设计：王红柳
责任印制：杨晓东

印　　刷：北京雁林吉兆印刷有限公司
版　　次：2020 年 12 月第一版
印　　次：2020 年 12 月北京第一次印刷
开　　本：787 毫米×1092 毫米　16 开本
印　　张：11
字　　数：188 千字
定　　价：58.00 元

前　言

我国是一个海洋大国，在浅海大陆架蕴藏着丰富的能源和海底油田、气田。海洋开发需要坚强的能源保障，特别是岛屿开发、海上钻井平台、海上风电、潮流能海洋开发项目对电力联网的需求更加强烈。随着高压海底电力电缆的应用越来越多，我国已建成10、35、110、220、500kV等各电压等级的交直流海缆线路达几千千米，海南岛、舟山群岛、南麂列岛、长岛列岛等均通过高压海底电力电缆与大陆电网实现了联网，高压海底电力电缆的大量应用保障了海岛的可靠稳定供电和海洋开发的顺利进行。

本书以高压海底电力电缆实际生产运行为主线，首先从高压海底电力电缆的基本知识入手，分别介绍了高压海底电力电缆的发展应用、技术参数和工程建设步骤；接着从高压海底电力电缆线路运行管理、线路状态检测和线路检修管理三个方面进行展开，对高压海底电力电缆的实际运维检修的基本内容、项目、方法、设备等进行具体介绍；最后介绍了海底电力电缆综合智能化监控系统的相关知识和当前使用的海缆综合监控一体化平台系统。

本书共分5章，主要包括海底电力电缆线路概述、海底电力电缆线路运行管理、海底电力电缆线路状态检测、海底电力电缆线路检修管理、海底电力电缆综合智能化监控技术。本书将理论知识和具体生产实践相结合，通过舟山群岛新区电网海缆运维检修工程实例对高压电缆运维检修技术内容进行分析总结。将理论付诸实践，并在实践中提炼升华，最终再进一步指导实践。本书可为电网公司、电力系统运行人员以及相关专业老师和学生、行业技术研究人员提供参考。

本书由葛军凯高级工程师主编，张秀峰高级工程师、丁明磊工程师、丁同臻工程师共同参与编写。

由于编者水平有限，书中不完善之处在所难免，如有不足之处，敬请见谅，并请读者予以批评指正。

编者

目录

目 录

第 1 章

海底电力电缆线路概述

1.1 我国海底电力电缆线路发展简述

1.1.1 海底电力电缆发展简介

电力电缆在电力系统主干线中用以传输和分配大功率电能，其额定电压一般为 0.6/1kV 及以上。电力电缆是伴随着电力工业和城市发展同步产生的，最早的电缆线路要追溯到 1879 年，当时美国大发明家爱迪生在铜棒上包绕黄麻并将其穿入铁管内，然后填充沥青混合物制成电缆，将此电缆敷设于纽约，开创了地下输电的新纪元。次年，英国人卡伦德发明沥青浸渍纸绝缘电力电缆。1889 年，英国人费兰梯在伦敦与德特福德之间敷设了 10kV 油浸纸绝缘电缆。1908 年，英国建成 20kV 电缆网，电力电缆实现了大规模应用。1911 年，德国敷设 60kV 高压电缆，开始了高压电缆的发展。1913 年，德国人霍希施泰特研制成分相屏蔽电缆，改善了电缆内部电场分布，消除了绝缘表面的正切应力，成为电力电缆发展的里程碑。1952 年，瑞典在北部发电厂敷设了 380kV 超高压电缆，实现了超高压电缆的应用。截至 20 世纪 80 年代，各国已制成 1100kV、1200kV 的特高压电力电缆。

1897 年 3 月，我国第一根长 2700m 橡皮筋缘铅包护套的照明用地下电力电缆在上海投入使用，42 年后（1939 年）昆明（电缆厂）生产出首根国产电缆。1949 年以前，电力电缆行业只有职工 2000 余人，生产设备约 500 台，年最高用铜量仅 6500t，电力电缆行业发展缓慢。1949 年后，我国的电力电缆行业得到飞速发展，电力电缆行业成为仅次于汽车行业的第二大行业。在世界范围内，中国电力电缆的总产值已超过美国，成为世界上第一大电力电缆生产国。

海底电力电缆（简称海缆）是敷设在江、河、湖、海等水域环境中，外护套直接与水接触埋设在水底，具有较强的抗拉抗压、纵向阻水和耐腐蚀能力的电缆。

世界首根高压交流海底电缆——1944 年北弗里西亚群岛（Frisian）通过 20kV 的交流海底电缆将电力能源连接到大陆电网。

世界首根高压直流海底电缆——1954 年瑞典哥特兰岛（Gotland）通过高压直流海底电缆和大陆电网连接，结束了长期依赖低效柴油发电的历史。

1.1.2　我国海底电力电缆线路现状

我国最早的海底电缆于 1888 年完成，共有两条线路，一条是位于川石岛和台湾沪尾间的海缆，其线路长度为 177 海里；另一条是安平通往澎湖的海缆，其线路长度为 53 海里。1989 年我国在浙江舟山分两段建设了长度为 12km 的直流海底电缆工程，输电容量为 100MW。

我国首根国产三芯 110kV 交流海底电缆于 2013 年由广东珠海桂山海上风电场联合中天海缆科技公司设计开发。

我国最长 110kV 交流海底电缆——2015 年舟山市岱山岛至嵊泗县洋山岛的 110kV 交流输电线路工程所用海缆，该工程采用单根长度为 38km 的国内最长 110kV 交流海缆。

我国首条 220kV 国产海底电力电缆——2010 年 11 月 29 日投运的浙江舟山岱兰 1936 线 220kV 光电复合交联海缆，该海缆是由宁波东方电缆股份有限公司牵头宁波海缆研究院共同研发生产，是具有自主知识产权的国内首条 220kV 光电复合交联海缆。

世界首条三端柔性直流海缆工程——南澳岛柔性直流工程，该工程采用的是 160kV 直流海缆。

我国第一个超高压、长距离、大容量海底电缆工程——2009 年 6 月 30 日投运的海南跨海联网一回 500kV 交流工程，该工程一定程度上解决了长期困扰海南电网的"大机小网"难题，海南电网"$N-1$"故障稳态频率波动幅度从 ±0.5Hz 降为 ±0.2Hz。该工程释放了海南 300MW 级机组的发电能力，减少了海南电网对网内发电备用容量的需求，有助于海南水电、风电等发电技术对清洁能源的充分利用。

我国首条 500kV 国产海底电力电缆——2018 年舟山 500kV 电网联网工程所用的舟山 500kV 交联聚乙烯海缆，该海缆敷设工程分为两回路，每回路敷设 3 根 500kV 交联聚乙烯海缆，是世界同类海底电缆中耐压等级最高的海缆。该海缆从宁波镇海新泓口围堤入海至舟山大鹏山岛登陆，每条长 16.8km，第一回路于 2018 年 12 月敷设完毕并投入运行，第二回路于 2019 年 6 月敷设完毕并投入运行。

我国单根最长 500kV 海底电力电缆——南方电网主网与海南电网二回联网工程所用海缆。2019 年南方电网主网与海南电网二回联网工程正式投入运行，该工程在琼州海峡平行敷设了 4 根 500kV 海底电缆。单根电缆直径 14cm、长度约 32km，是目前世界上单根最长的 500kV 交流海底电缆。

1.1.3　海底电力电缆线路主要应用

1. 岛屿供电

海底电力电缆是沿海岛屿与陆地之间电力传输的主要传输手段。沿海城市之间、岛屿之间及岛屿与大陆之间一般均通过海底电力电缆输电。在德国北部，自 1944 年开始，北弗里西亚群岛就通过 20kV 的海底电缆连接到大陆电网，加拿大温哥华岛和美国纽约长岛也陆续通过大量高压海底电力电缆线路供电，如今挪威、菲律宾、日本等国均成为高压海底电力电缆供电大国，我国的海南岛、舟山群岛、山东长岛等沿海岛屿也通过海底电力电缆实现供电。

2. 海上石油平台等海洋作业

石油和天然气行业的海上生产平台的电力主要来自依靠平台自身生产的天然气低效运转的汽轮机或燃气轮机。由于海上作业平台需要消耗大量电能，包括各类泵、压缩机等大量负荷，因此用电需求巨大，需要通过海底电缆供电。海上作业平台水下电缆连接示意图如图 1-1 所示。

图 1-1　海上作业平台水下电缆连接示意图

图 1-2　水底输电电缆线路

3. 河流湖泊等水下输电

由于改造江河、湖泊以及水库大坝的需要，水下电缆应用越来越广泛，最著名的是加拿大圣劳伦斯河河底穿越过的 500kV 直流输电线路，我国的长江、黄河、怒江、钱塘江、珠江、千岛湖、太湖等水域下均建设有水下电缆线路。水底输电电缆线路如图 1-2 所示。

4. 海上风力发电及潮流能发电集电系统及输电系统

建设海上风电场是国际新能源发展的重要方向，也将是我国风电产业发展的重点。

中国已建成数座海上风力发电场，其集电系统均通过海底电力电缆实现，一般由中压三芯电缆将每台风力发电机的电流汇集到海上升压变电站，再由更高电压等级的海底电力电缆线路送到陆上变电站。海上风电场的集电及输电系统示意图如图1-3所示。

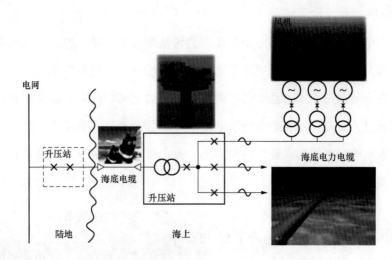

图1-3 海上风电场的集电及输电系统示意图

1.1.4 典型海底电力电缆线路工程简介

1. 海南联网工程

海南联网工程于2005年10月经国家发展和改革委员会（简称发改委）正式核准开工建设，总投资近25亿元，是我国第一个500kV超高压、长距离、大容量的跨海联网工程，也是世界上继加拿大之后第二个同类工程。该工程海底电缆采用500kV充油纸绝缘电缆，单根连续长度约32km，直径14cm，中间没有接头，截至2020年，该海缆是世界上单根长度最长的500kV交流海底电缆。

2. 南澳±160kV多端柔性直流输电示范工程

2013年12月25日，南澳岛上青澳、金牛两个换流站与汕头澄海区的塑城换流站完成了三端投产启动，这标志着南方电网攻克了多端柔性直流输电控制保护这一世界难题，成为世界第一个完全掌握多端柔性直流输电成套设备设计、试验、调试和运行全系列核心技术的企业，建成了世界上第一个多端柔性直流输电工程，在中国乃至世界电力发展史上具有划时代的重要意义。国际上尚无多端柔性直流输电工程实践经验。南澳±160kV多端柔性直流输电示范工程是我国继±800kV特高压直流输电工程在国际直流输电领域取得的又一重大创新成果，为远距离大容量输电、大规模间歇性清洁电源接入、多直流馈入、海上或偏远地区孤岛系统供电、构建直流输电网络等提供了安全高效的解决方案，推动国际直流输电技术实现了新突破。

该示范工程为国家863计划项目，展示与示范了柔性直流输电在风电接入方面的技术优势，能至少提高风电利用率5%～10%。该示范工程所有核心设备以及控制保护系统均为国内首次研发，具有100%自主知识产权，对推动我国电力工业和装备制造业发展，保障电力安全可靠供应具有重要意义。

3. 浙江舟山±200kV五端柔性直流科技示范工程

2014年7月4日10时，浙江舟山±200kV五端柔性直流科技示范工程正式投运，该工程的正式投运标志着我国在世界柔性直流输电技术领域走在了前列。该工程是国家电网有限公司具有完全自主知识产权的重大科技示范工程，也是世界上已投运的端数最多、电压等级最高的多端柔性直流工程。

舟山多端柔直工程于2012年12月14日获得浙江省发展和改革委员会正式核准批复，并于次年3月15日全面进入施工阶段。该工程共建设舟定、舟岱、舟衢、舟泗、舟洋5座换流站，总容量100万kW；新建±200kV直流输电线路141.5km，其中，海底电缆129km；新建交流线路31.8km，并配套建设一个海洋输电检验检测基地。该工程业主单位为国网浙江省电力有限公司，总承包单位为中国电力技术装备有限公司和北京网联直流工程技术有限公司组成的联合体。

舟山多端柔直工程的成功投运，实现了舟山北部地区岛屿间电能的灵活转换与相互调配，为舟山群岛新区发展提供了坚强电能保障。同时，该工程将大大提高我国电网的整体科技含量，提升我国直流输电产业的国际竞争力，为柔性直流及海洋输电技术在我国大规模推广起到很好的示范作用。

4. 舟山500kV联网输变电工程

2016年年底舟山500kV联网输变电工程开工建设，新建海缆17km。该工程在宁波镇海至舟山大鹏岛敷设约17km海缆，采用国产500kV交联聚乙烯海缆敷设，这是世界上第一个交流500kV聚乙烯绝缘海底电缆工程。

舟山500kV联网输变电工程连接舟山电网和宁波电网，总投资达46.2亿元。该工程创造了世界首条500kV交联聚乙烯海缆等4项世界纪录，是我国规模最大、技术难度最大的跨海联网输变电工程之一。

典型海缆输电工程见表1-1。

表 1-1 典型海缆输电工程

序号	投运时间（年）	项目名称	电缆绝缘类型	电压等级（kV）	输电容量（MW）	长度（km）
1	1954	瑞典哥特兰岛（Gotland）	直流充油电缆	单极100	20	98
2	1984	加拿大大陆—温哥华海底电缆	交流充油电缆	525	100（单回）	30+9（两回）
3	1、2极：1976—1977；3极：1993；4极：2014	挪威—丹麦跨海峡高压直流工程	黏性油浸纸绝缘	1、2极：250；3极：350；4极：500	1、2极：500；3极：440；4极：700	1~3极：127；4极：140
4	1994	瑞典—德国波罗的海高压直流海底电缆	黏性油浸纸绝缘	直流450	600	450
5	1995	丹麦—德国高压直流海底电缆	黏性油浸纸绝缘	400	600	52
6	2005	日本跨纪伊海峡海底电缆工程	聚丙烯-木纤维复合纸充油	直流±500	2800	4×48.9，海底46.5
7	2006	爱沙尼亚—芬兰高压直流海底电缆（柔性直流）	交联聚乙烯绝缘	直流±150	350	2×74海缆 2×31陆缆
8	2008	挪威—荷兰高压直流海底电缆	黏性油浸纸绝缘	直流±450	700	580
9	2009	德国近海风电场—德国电网高压直流电缆	交联聚乙烯绝缘	直流±150	400	海缆：2×128
10	2010	意大利—撒丁岛高压直流海底电缆工程	黏性油浸纸绝缘	±500	1000	海缆：2×420
11	2013	广东南澳多端柔性直流	直流	±160	三个站容量分别为50、100、200	
12	2014	舟山多端柔性直流工程	直流	±200	50（单回）	51
13	2018	220kV鱼山输变电工程	交流	220		海缆：19.8
14	2019	中国海南联网海底电缆工程（Nexans公司制造）	交联聚乙烯绝缘	500	700	4×31
15	2019	舟山500kV联网工程	交联聚乙烯绝缘	500	1100	—

1.2 海底电力电缆线路分类

1.2.1 海底电力电缆分类

海底电力电缆按传输电能形式可分为交流海缆和直流海缆；按绝缘材料可分为油浸纸绝缘海缆和塑料绝缘海缆；按电压等级可分为低压海缆（额定电压 3kV 及以下）、中压海缆（一般指 35kV 及以下）、高压海缆（一般为 110kV 及以上）、超高压海缆（275～800kV）和特高压海缆（1000kV 及以上）；按电缆芯数可分为单芯电缆和多芯电缆。此外还有其他形式电缆，如光纤复合海缆、自容式充油海缆，内含光纤的海底电力电缆称为光纤复合海缆。自容式充油海缆是指利用补充浸渍原理消除绝缘层中形成的气隙以提高工作场强的一种海底电力电缆。海底电力电缆分类如图 1-4 所示。

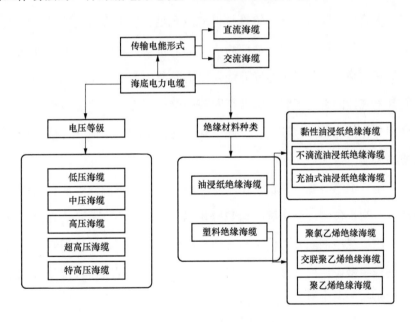

图 1-4　海底电力电缆分类

1.2.2 海底电力电缆主要类型

1. 油浸纸绝缘海缆

油浸纸绝缘海缆自 1890 年问世以来，其系列与规格最完善且广泛应用于 330kV 及以下电压等级的输配电线路中，目前已研制出 500～750kV 的超高压海缆。油浸纸绝缘海缆如图 1-5 所示。

图 1-5 油浸纸绝缘海缆

10kV 及以下电压等级的海缆通常是将各导电线芯外包上绝缘纸（称为线芯绝缘或相绝缘），芯与芯之间的空隙用麻、塑料管、玻璃丝等填料填充后绞成圆形，外面再绕包绝缘纸（称为统包绝缘、共同绝缘或绝缘），最后包上一个共同的金属护套和保护层制成。具有这种结构形式的海缆称为统包型海缆或带绝缘海缆，国际上通称为非径向电场电缆。

为了改善其电场分布，10kV 及以上电压等级的三芯电缆一般制成分相屏蔽型或分相铅（铝）包型两种结构，这两种海缆均属于径向型电场海缆，国际上统称为 H 型电缆。

非径向型和径向型电场海缆都属于黏性油浸纸绝缘海缆，这种海缆具有成本低、工作寿命长、结构简单、制造方便、绝缘材料来源充足、易于安装与维护的优点，但油易流淌，不适宜做高落差敷设。为了适应高落差的运行条件，将黏性油浸纸绝缘海缆干燥浸渍后，进行真空滴干，制成干绝缘海缆，以消除浸渍剂的流动，从而使其适宜做高落差敷设，但其电气性能有所下降。为获得同等的绝缘强度，干绝缘海缆的绝缘层一般较厚，而且采用分相铅（铝）包结构，因此干绝缘海缆已被逐步淘汰，取而代之的是不滴流油浸纸绝缘海缆。

不滴流油浸纸绝缘海缆就是在工作温度下浸渍剂具有不滴流性质的海缆。这种海缆按结构特征可分为统包型、分相屏蔽型和分相铅（铝）包型。不滴流油浸纸绝缘海缆采用了优异的不滴流浸渍剂配方，使不滴流油浸纸绝缘海缆比黏性油浸纸绝缘海缆的载流量大，老化进程缓慢，使用寿命更长，且适合高落差和垂直的运行环境，是我国 35kV 及以下电压等级海缆的主流。

2. **充油式油浸纸绝缘海缆**

与黏性油浸纸绝缘海缆不同，充油式油浸纸绝缘海缆内部充有低黏度的电缆油，适用于高达 750kV 的直流或交流海缆线路，由于海缆为充油式，故可以敷设于水深达 500m 的海域。充油式油浸纸绝缘海缆如图 1-6 所示。

3. **塑料绝缘海缆**

塑料绝缘海缆是绝缘层为挤压塑料的电力电缆。常用的塑料有聚氯乙烯、聚乙烯、交联聚乙烯。塑料绝缘海缆具有结构简单、制造加工方便、质量轻、敷设安装方便、不受敷设落差限制的优点，因此被广泛用作中低压海缆，并有取代黏性油浸纸绝缘海缆的趋势。其最大缺点是存在树枝化击穿现象，这限制了它在更高电压的使用。

应用最广泛的塑料绝缘海缆是交联聚乙烯海缆，我国已有 220kV 聚乙烯和 500kV 交联聚乙烯的塑料海缆投产运行，且仍在研制更高电压等级的塑料海缆。交联聚乙烯绝缘高压海缆如图 1-7 所示。

图 1-6　充油式油浸纸绝缘海缆　　　　图 1-7　交联聚乙烯绝缘高压海缆

1.3　海底电力电缆基本结构

电力电缆的基本结构由线芯（导体）、绝缘层、屏蔽层和保护层四部分组成，特殊要求的电力电缆还需要有填充料、抗拉元件等构件。电力电缆的不同组成构件具有不同的作用，它们相辅相成，不可或缺。

线芯是电力电缆的导电部分，用来输送电能，是电力电缆的主要部分。绝缘层是将线芯与大地以及不同相的线芯间在电气上彼此隔离，保证电能输送，是电力电缆结构中不可缺少的组成部分。15kV 及以上电压等级的电力电缆一般都有导体屏蔽层和绝缘屏蔽层。保护层的作用是保护电力电缆免受外界杂质和水分的侵入以及防止外力直接损坏电力电缆。高压海底电力电缆结构示意图如图 1-8 所示。

图 1-8　高压海底电力电缆结构示意图

1.3.1 线芯

电力电缆线芯的作用是传输电流，线芯的损耗主要由导体截面积和材料的电导系数来决定。为了减小电缆线芯的损耗，电缆线芯一般由具有高电导系数的铜或铝制成，也有铜包钢、铜包铝等合金。导电用铜和铝的主要性能与工艺参数见表1-2。

铜作为电力电缆的线芯，具有许多技术上的优点，如电导系数大、机械强度高、加工性好、耐腐蚀性好等，尽管铜的成本比铝更高，但大多数海缆都采用铜导体，它是被采用最广泛的海底电缆线芯材料。铝的电导系数仅次于银、铜和金，铝材料的成本比铜低，耐腐性低，柔软性没有铜好，因此铝芯电缆不宜承受较大张力，多用于固定敷设的电力电缆线芯。

为了制造和应用方便，线芯截面积有统一的标称等级，分为2.5、4、5、10、16、25、35、50、70、95、120、150、185、210、300、400、500、630、800mm^{2}等。

表1-2　　　　　　　　　　导电用铜和铝的主要性能与工艺参数

导体类型		铜	铝
熔点（℃）		1084.5	658
密度（g·cm^{-3}）		8.89	2.7
比热 [Cal/（g·℃）]		0.092	0.22
溶解热（Cal/g）		50.6	93
导热系数 [Cal/（cm·s·℃）]		0.923	0.52
线胀系数（10^{-6}/℃）		16.6	23
电阻率（10^{-2}Ω·m）		1.7241	2.83
电阻温度系数（1/℃）		0.00393	0.00403
抗拉强度（N·mm^{-2}）	软态	—	35～65
	硬态	≥335	120～150
延伸率（%）	软态	≥40	≥35
	硬态	≥2.4	≥6
热轧温度（℃）		—	440～490
热挤温度（℃）		—	400～480
退火温度（℃）	软态	400～600	300～350
	半硬态		240～260
再结晶温度（℃）		200～270	150～250

注　密度、比热、导热系数、电阻率、电阻温度系数均为环境温度20℃测得的数值；线胀系数为环境温度20～100℃测得的数值。

1. 实心导体

实心导体由一根实心单线构成，主要适用于截面积为400mm^{2}及以下的场合。这种导体的制造较为容易，且有良好的纵向阻水性能，纵向阻水常作为海底电缆的性能要求。

由于实心导体的截面积限制在 $400mm^2$ 及以下，一般不能用于工作电压高于 150kV 的电缆，这些电缆通常具有较大的导体截面积。对于单芯或更大尺寸的电缆应采用圆形导体，对于多芯的低压电缆可采用圆形或扇形实心导体。

2. 圆单线绞合导体

大多数海底电力电缆的导体由圆单线绞合而成，单线在绞线机上逐层绞和，导体通过模具或辊轮装置紧压，既可以逐层紧压，也可在绞合后紧压，紧压可减小单线之间的空隙。紧压圆单线绞合导体的填充系数可以达到 92％，由于单线经冷加工紧压，材料的电导率有所减小。

圆单线绞合时有右向和左向两种不同的绞合方向，根据螺旋形单线的外观形状，有时称其为 Z 型绞合或 S 型绞合。多数情况下，绞合导体的相邻层绞向相反，渐次取 S 型绞合和 Z 型绞合，导体的电导率与 S 型和 Z 型绞合的顺序无关，采取不同的绞合方向主要是为了增强导体结构稳定性。

3. 型线导体

型线导体由截面呈块状的单线构成，有时也称为拱形单线导体，拱形单线导体填充系数可达 96％或者更高，具有节约材料、成本低的优点。

大截面高压直流海底电缆常采用型线导体，采用挤压导体工艺，铜型线可以加工成任何形状，梯形和拱形较多，成型过程不再需要冷加工，型线成品具有与退火铜导体一样的良好电导率。

4. 分割导体

导体中交流电流产生的交变磁场感应产生电磁场，使电流趋向流入导体外围（即集肤效应）。电流挤入导体的外层部分，导体内部的电流密度减小，从而减少了导体内部对电流传输的作用，即集肤效应减小了大截面导体的载流量。

对于大截面导电线芯，为了减小集肤效应，有时采用四分裂、五分裂等分割线芯，分割导体的制造成本高，仅用于大截面规格（截面积不小于 $800mm^2$，铜导体）。

5. 导体阻水

海底电缆通常要求具有纵向阻水特性，在故障后阻止水分浸入电缆内部，也可避免运输或安装时水分由电缆端部封帽浸入。为了阻止水分、潮气浸入电缆线芯内部，一般在导体绞合时采取在各层之间加入阻水粉或阻水带的措施来进行阻水。这些阻水材料一旦遇水便会显著膨胀，从而有效阻止水分侵入通道。

1.3.2　绝缘层

海缆的绝缘材料和陆缆相比没有本质区别，由于海缆敷设和运行环境比陆缆复杂难控，存在海底洋流冲刷、礁石磨损及航道内大型船舶抛锚外力破坏等诸多特有风险，因此一般海底电缆绝缘层材料应具备以下主要性能：

（1）高的击穿场强（包括脉冲、工频、操作波等）。

（2）低的介质损耗因数（tanδ）。

（3）相当高的绝缘电阻（体积电阻率不小于 1013Ω·cm）。

（4）优良的耐树枝放电、局部放电特性。

（5）具有一定的柔软性和机械强度。

（6）绝缘性能长期稳定等。

常用的电缆绝缘层材料有橡胶、油浸纸或充油绝缘、塑料等。橡胶一般适用于 10kV 及以下海底电缆绝缘或护套，具有很高的柔顺性、易变性、耐疲劳特性，但吸湿性强，不能用于直接接触油或有机溶剂的场所。油浸纸绝缘是一种由窄条纸带螺旋状浸渍在绝缘油中的绝缘材料，油渍纸或充油绝缘电缆具有绝缘性能好、介质损耗小、耐电场强度高等特点。我国海南岛地区连岛海缆线路有使用充油式油浸纸绝缘电缆，但考虑该类型绝缘电缆运维成本较高，且存在污染海洋环境的风险，正逐渐被塑料挤包绝缘（交联或不交联）电缆取代。相比于油浸纸绝缘电缆，塑料绝缘能大大简化并改进电缆结构、简化电缆制造工艺、生产过程和设备，节省工时，可以垂直敷设并简化安装接头技术，具有运维方便、成本低的优点。最常用塑料绝缘电缆主要有聚乙烯（PE）、交联聚乙烯（XLPE）、聚氯乙烯（主要用于中、低压电缆绝缘或护套绝缘）等，海底电缆绝缘层主要以前两种为主，下面就前两种绝缘材料进行详细阐述。

1. 聚乙烯

聚乙烯是一种由乙烯经聚合反应而得到的高分子碳氢化合物，含 CH_3—$(CH_2)_n$—CH_3 分子长链。聚乙烯为非极性和半结晶材质，具有热塑性，理论上可以重融，可以在不同密度范围内使用，如低密度聚乙烯、中密度聚乙烯和高密度聚乙烯，其密度为 0.9～0.97g·cm^{-3}，与纸绝缘相比，聚乙烯具有较低的损耗因数和较低的介电损耗，在 20 世纪 60 年代初就用于 63kV 电缆。在法国，低密度聚乙烯在 20 世纪

90 年代成功用于 500kV 电缆，由于聚乙烯电缆的导体运行温度有限（70～80℃），因此聚乙烯随后被交联聚乙烯替代，后者的运行温度为 90℃，且短路温度可超过 200℃。电缆绝缘材料的使用温度见表 1-3，表中列出了几种绝缘材料的正常运行允许温度和短路温度。

表 1-3 　　　　　　　　　　电缆绝缘材料的使用温度 　　　　　　　　　　℃

绝缘材料	正常运行温度	短路温度
低密度聚乙烯	70	125
交联聚乙烯	90	250
乙丙橡胶	90	250
黏性油浸纸绝缘	50～55	—
充油电缆绝缘	85～90	—

聚乙烯作为塑料电缆绝缘层的材料，在很大程度上决定了聚乙烯塑料的基本性能，而聚乙烯的分子结构则是由乙烯聚合的方法和条件所决定的，结构的不同决定了性能的差异。不同工艺合成的聚乙烯，其材料密度不同，聚乙烯的合成方法主要有高压法（低密度聚乙烯）、中压法、低压法（高密度聚乙烯），一般习惯上称中压法和低压法制得的聚乙烯为低压聚乙烯，该聚乙烯线型分子链结构没有分支，密度较大，所以又称为高密度聚乙烯。

聚乙烯具有原料来源丰富、价格低廉、电气性能优异（tanδ 和介电常数小）、化学稳定性优良和物理性能良好的优点。但用于高压电缆绝缘时，其存在以下几个问题：

（1）耐电晕、光氧老化、热氧老化性能低。

（2）熔点低、耐热性低、机械强度不高、蠕变大。

（3）易产生环境应力开裂。

（4）容易形成气隙。

（5）易燃烧。

2. 交联聚乙烯

自 1973 年开始，交联聚乙烯已用于海底电缆。交联聚乙烯是利用化学或物理方法，将低密度聚乙烯的长分子链改成三维空间的网状结构，交联过程是不可逆的，防止了聚合物在高温下熔融。热塑性聚乙烯加热到 80～110℃时，会发生软化，并最终熔融。与之相反，交联聚乙烯在相当高的温度下保持稳定，在超过 300℃时会高温分解，而不会融化。

在立式生产线和悬链生产线中，应避免交联聚乙烯绝缘和管道内壁接触，从而使绝缘表面达到高质量要求，立式生产线还可以防止重力影响下的绝缘偏心。在非常规工艺中，可通过硅烷或电子辐照工艺实现交联。

交联聚乙烯是海底电缆绝缘材料的首选。在交联聚乙烯电缆制造初期，交联聚乙烯吸水性较高，在水分、电场和杂质的复合作用下，可能会诱发水树（一种绝缘内部出现树状损伤结构的现象），当达到一定限度时会发生绝缘击穿故障。交联聚乙烯电缆采用湿法交联和屏蔽与绝缘挤出工艺时，为水分和灰尘进入绝缘提供了通道，从而引发了水树现象，为避免因生产过程电缆绝缘进入水分或灰尘导致水树故障，现电缆制造厂家大部分采用三层共挤和干式交联管制造交联聚乙烯电缆。

1.3.3 屏蔽层

海底电力电缆的屏蔽层包括导体屏蔽和绝缘屏蔽两层，导体屏蔽位于电缆导体与绝缘之间，绝缘屏蔽位于电缆绝缘与阻水层之间，具有屏蔽导体与绝缘之间电场的作用。如果将交联聚乙烯绝缘直接在导体上挤出，导体的凹陷、隆起和不规则等情形会产生局部电场集中，引发局部放电，从而降低绝缘强度。为避免这种情况，将一层半导电交联聚乙烯挤包在导体上，在朝向交联聚乙烯绝缘上将会产生非常光滑的介质界面，由于内半导电层表面光滑圆整，将不会存在电场集中的情况。

三层共挤技术还提供了绝缘层外的半导电层，以形成稳定的介质表面并使其免受外部屏蔽层的影响。三层结构（导体屏蔽—绝缘—绝缘屏蔽）组成了电缆的绝缘系统，为了实现高质量的绝缘，三层共挤应在三层共挤机头中持续同步挤出。

半导电交联聚乙烯层由以聚乙烯为基材的共聚物混合 40% 炭黑制成，根据相关国际标准，它的体积电阻率应不大于 $250\Omega \cdot m$（欧洲电工标准），如果屏蔽材料电阻率过高，电缆系统内的冲击电压会在半导电材料中产生很大的电场强度。半导电层的标称厚度为 $1\sim2mm$。对于大长度海缆，由于原材料价格很高，加厚半导电层构成成本会明显增加。

1.3.4 保护层

为了使海底电力电缆适应使用环境要求，在电缆绝缘层外面施加的保护覆盖层称为电缆护层。电缆护层是构成电缆的要素之一，它的作用是保护电缆绝缘层在敷设和运行过程中免遭外力和各种环境因素的破坏，以保持长期稳定的电气性能，所以电缆护层的质量直接关系到电缆的使用寿命。

高压海底电力电缆保护层主要由金属护套（内护层）和外护层构成。海底电力电缆金属护套常用材料为铅、铝、钢、铜等，这类材料主要用以制造密封护套、铠装或屏蔽，按其加工工艺不同，可分为热压金属护套和焊接金属护套两种；另一类是非金属材料，如橡胶、塑料等，其主要作用是防水和防腐蚀。

1. 金属护套

海缆金属护套的主要作用是防水、保持零序短路电流热稳定、密封、防腐蚀、进行机械保护和屏蔽等。海缆金属护套常用的材料有铅、铝、不锈钢和铜。铅和铝熔点低，易于加工，应用最为广泛，铅套和铝套作为海缆护套各有其优缺点，海底电力电缆中铅护套和铝护套对比见表 1-4。

表 1-4　　　　　　　　　　海底电力电缆中铅护套和铝护套对比

护套分类	铅护套	铝护套
优点	(1) 铅护套具有完全不透水性，密封性能好； (2) 铅的熔点低（327℃），铅套挤压工艺简单，封焊方便； (3) 耐腐蚀性好； (4) 韧性好，不影响电缆弯曲	(1) 相对密度小，质量轻； (2) 机械强度高； (3) 资源丰富； (4) 铝的晶体结构稳定； (5) 电导率高（是铅的 7 倍），屏蔽性好
缺点	(1) 资源匮乏； (2) 有毒； (3) 机械轻度低，抗拉强度差； (4) 具有蠕变性，易变形； (5) 铅容易电腐蚀	(1) 弹性模量比铅大，弯曲时有剩余应力，增大了允许曲半径； (2) 耐腐蚀性比铅差； (3) 铝的封焊工艺复杂； (4) 铝的熔点高达 658℃，铝护套的压制工艺复杂

由于护铅套的纵向防水性能比任何一种波纹金属护套电缆都好，因此铅护套适用于防水、防潮以及防腐蚀性要求较高的场合，所以水底电缆金属护套采用铅套比较多。

2. 外护层

高压海底电力电缆外护层一般由内衬层、铠装层和外被层三部分构成，主要起机械保护和防止腐蚀的作用。区别于陆缆外护层，海缆由于长期处于海水浸泡过程中，为了防止因敷设过程和船舶抛锚等外力破坏导致电缆破损，所以在电缆橡塑护层外加装钢丝或铜丝铠装，以增加电缆机械强度。

（1）内衬层。高压海底电力电缆中铠装层和金属（屏蔽）护套之间的同心层称为内衬层，它因铠装衬垫和金属（屏蔽）电缆的聚合物护套在海缆结构中的位置不同而具有不同的功能，它通常起到保护金属护套和径向阻水作用，使其免受腐蚀、磨损和水分入侵。聚合物护套材料通常为聚乙烯或低密度聚乙烯，成本适中，具有良好的化学和机械稳定性。其他材料为聚氯乙烯、聚酰胺（尼龙）和聚氨酯，聚酰胺的机械性能优于高密度聚乙烯。

聚合物材料虽然不透水，但水蒸气却能透过聚合物，因此聚合物护套不能实现完全径向阻水。最常见的电缆护套聚合物材料为高密度聚乙烯，高密度聚乙烯有相当低的水蒸气渗透性 $[145\mathrm{g}\mu\mathrm{m}/(\mathrm{m}^2 \cdot \mathrm{d})$，$38℃$，相对温度 $90\%]$。聚氯乙烯和聚酰胺（尼龙）的渗透速率较高；特殊聚合物（如聚偏氯乙烯）的渗透速率低于高密度聚乙烯，但它尚未用于海底电力电缆护套。

有时采用添加炭黑的半导电聚乙烯材料生产聚合物护套，它为内层的金属套和外层的铠装提供了等电位联结。

（2）铠装层。位于内衬层和外被层之间的同心层称为铠装层（也称铠装），是海缆至关重要的结构元件，它主要起抗压或抗张的机械保护作用。海缆铠装层的材料通常为钢带（铜带）或镀锌钢丝（铜丝），钢带铠装层的主要作用是抗压，这种海缆适用于地下埋设的场合使用；钢丝铠装层的主要作用是抗拉，这种海缆主要用于水下或垂直敷设的场合。由于海缆长时间敷设于水下，因此通常采用具有抗拉结构的钢丝或铜丝铠装，以防止安装机具、渔具和锚具带来的外部威胁。

铠装层的设计对电缆的部分特性有较大的影响，如弯曲刚度、张力稳定性、扭力平衡以及处理和安装方法的选择。对于张力要求不高的浅水敷设情况，可采用疏绕的单丝铠装。钢丝间的空隙可以是敞开的，也可以用塑料、麻绳或类似的填充绳填充，敞式铠装不仅可以减轻质量，对于交流电缆来说，还可以减少涡流损耗。

在多数情况下，铠装采用低碳钢，为磁性材料，因此使磁场集中在导体周围，并在交流海缆中产生了不必要的损耗和额外的热量。在单芯交流海缆中，钢丝铠装中的损耗载流量会实质性降低。减小磁损耗主要有以下两种方法：

1）铠装采用非铁磁性材料，如青铜、黄铜、铜或铝。作为铠装，铜合金较贵，铝更为便宜，但铝更容易被海水腐蚀。虽然铜丝绞合具有低电阻率和高腐蚀性两大优点，但机械强度低于钢丝铠装，硬拉铜线的机械强度较高，但其电导率低于退火铜。考虑到运行效果和经济成本，一般按电压等级划分，220kV 及以上电压等级的海底电力电缆采用铜单丝铠装较多，110kV 及以下电压等级的海底电力电缆采用无磁性不锈钢丝铠装。

2）减少磁感应。单芯交流电缆中配置厚重的铜屏蔽层，且屏蔽层在电缆两端牢固接地，由此产生了屏蔽电流，其大小几乎与导体电流一样，在铠装层下，两种电流方向相反，磁场基本抵消，磁损耗几乎完全消失，但铜屏蔽层中的损耗将会增加，为了达到这一目标，铜屏蔽层需要具有与导体同样的截面积。

在三芯电缆铠装中，三个缆芯产生的磁场在很大程度上相互抵消，将磁损耗减少至较低水平。

（3）外被层。位于铠装层外的同心层，主要对铠装层起防腐蚀作用。用于外被层的材料有绝缘沥青、聚氯乙烯塑料带、金泽麻黄、玻璃毛纱、聚氯乙烯或聚乙烯护套等。

在敷设电缆过程中，必须考虑外被层的摩擦系数，防止电缆敷设过程中磨损导致外被层破损。外被层一般会有颜色标记，呈现白色、黄色和橙色的带子与黑色形成鲜明的对比，其主要作用是保证水下敷设过程中能够看清电缆，并与海底其他电缆区分开，当在受限通道内敷设多根海缆时，海缆不同的标记有助于区分。海缆的外被层一般涂覆沥青，对下层的钢丝铠装起到防腐保护作用。

1.3.5　光单元

为满足海缆在线监测监控的需要，需要随海缆敷设光纤，以实现以下几个方面的功能：

（1）系统的通信保护。

（2）海底电缆因波浪、风暴潮引起扰动、震动时，应变力的监测和报警。

（3）海缆在受外力破坏（如过往船只锚害、锐物冲击、滚石压损）时，破坏的应力监测。

（4）海底电缆运行过程中海缆温度的监测和报警。

（5）海缆视频监控、雷达监视信号等的传输。

（6）海缆的智能运行和管理。

海缆光纤布置有三种常见方式，一是单独路由敷设海底光缆，从而实现通信保护和部分在线监测功能；二是外缚光缆，将光缆缚在海缆上，随海缆同沟敷设；三是嵌在海缆内部做成光电复合海缆进行敷设。

单独路由敷设海底光缆时，由于光缆不与海缆接触，无法实现海缆扰动、温度和应力监测，因此只能实现通信保护和雷达、视频信号的传输等部分功能。

图 1-9 500kV 交联聚乙烯光电
复合海缆

国内应用的海缆近 90％采用了光电复合海缆型式。浙江电网为实现 110、±200、220、500kV 海缆在线监测，均采用了光电复合海缆型式，其中，舟山 500kV 联网输变电工程敷设海缆——世界首条 500kV 交联聚乙烯海缆采用了光电复合海缆型式。500kV 交联聚乙烯光电复合海缆如图 1-9 所示。

1.3.6 附件

1. 海缆接头

随着科技进步，海底电力电缆接头不断出现不同型式，海缆中间接头分为软接头和硬接头。单芯电缆和三芯电缆均是如此，不同类型接头具有不同的特点和应用场合，海底电力电缆接头应用和性能见表 1-5。

表 1-5　　　　　　　　　海底电力电缆接头应用和性能

电缆类型	柔性接头	预制型刚性接头 （硬接头）	包带绝缘刚性接头 （硬接头）
单芯 黏性油浸纸绝缘电缆	适用所有电压等级	不适用	适用，但无优点
单芯 纸绝缘电缆	能采用	不适用	能采用
单芯 挤包绝缘电缆	145kV 以下，很少用于 245kV	适用	一般 110kV 及以下电压等级
三芯 纸绝缘电缆	能采用	不适用	适用，但无优点
三芯 挤包绝缘电缆	能采用	适用	适用，但无优点
导体连接	只采用焊接	焊接、螺旋连接	只采用焊接
电缆船上接头部署和安排	不需要	需要	需要
光纤接头盒空间	单芯电缆：无	三芯电缆：有	—

国内已有长距离 220kV 交流海底电缆和 320kV 直流海底电缆的生产能力，且已有工程应用了 220kV 交流海底电缆软接头。"十二五"以来，国内采用了超净式绝缘、半导电材料储存技术以及改进的便携式现场挤塑技术，解决了现场施工和材料的纯净度问题，改善了接头和终端模塑的电场分布，从而制造了 220kV 交流电缆模塑接头和终端以及 200kV 直流模塑终端和接头。直流±200kV 海底电力电缆软接头剖切面如图 1-10 所示。

图 1-10 直流±200kV 海底电力电缆软接头剖切面

国内用于交流 500kV 电压等级的交联聚乙烯海底电力电缆连续的硬接头外形为圆柱形，两头需加装防弯器，接头总长度约 7m，外径为 0.6m，接头本体质量约 1t。500kV 交流海底电力电缆硬接头如图 1-11 所示。

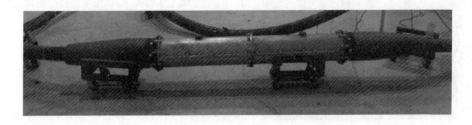

图 1-11 500kV 交流海底电力电缆硬接头

2. 海缆终端

海底电力电缆登陆上岸时通常与靠近海滩的地下电缆相连接，该连接所采用的接头称为海底电力电缆终端。电缆终端包括岸上交流电缆终端（户外终端、气体绝缘开关终端 GIS、变压器终端）、岸上直流终端和近海电缆终端。220kV 及 500kV 海缆终端如图 1-12 所示。

(a)　　　　　　　　　　　　　　(b)

图 1-12 220kV 及 500kV 海缆终端

(a) 220kV；(b) 500kV

1.3.7 附属设备

海缆附属设备主要包括避雷器、接地装置、在线监测装置等。

1. 避雷器

为了避免海缆终端遭受雷击导致线路跳闸，在每个海缆终端需安装一支避雷器，一般海缆终端避雷器为座式避雷器，通过支架或终端平台固定，海缆终端避雷器安装位置

应满足日后检修试验安全距离，且应合理计算海缆终端避雷器泄漏电流并合理安排直流耐压例行试验周期。500kV 海缆终端避雷器如图 1-13 所示。

2. 接地装置

海缆由于大部分浸泡于水下，而且海缆大部分为半导电结构，海缆金属护套通过海水将海缆铠装在海中段一起接地，所以海缆

图 1-13　500kV 海缆终端避雷器

接地存在很大环流，海缆铅护套接地方式一般为两端直接接地，在电缆终端塔通过三相电缆终端尾管部位引出接地线通过接地箱汇总接地。

海缆接地装置主要为接地箱（见图 1-14）、接地母排、接地体（一般海缆主接地体的接地电阻不大于 1Ω）、锚固装置（见图 1-15）。

图 1-14　接地箱　　　　　　　　　　图 1-15　锚固装置

为了防止海缆在登陆段潮间带被过往船只抛锚拖拽，导致岸上段海缆被拉断移位，需要在登陆段安装锚固装置固定海缆，锚固装置也承担了海缆铠装接地作用，因此锚固装置具备一定电气作用。按安装位置划分，锚固装置主要有爬塔式和落地式两种型式，

爬塔式锚固装置主要安装在电缆终端塔电缆引上段，落地式锚固装置主要安装在登陆点或终端下方电缆沟内；按照铠装钢丝压紧方式结构划分有断铠式锚固装置和压紧式锚固装置两种。

3. 在线监测装置

海缆在线监测装置有很多，包括海缆本体在线温度监测、应力扰动监测、护层环流监测、局部放电在线监测等在线监测装置。在线监测仪如图 1-16 所示。

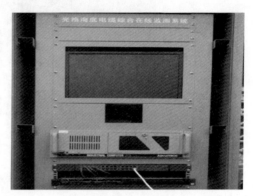

为了更好监测海缆运行各项指标状态，更好掌握海缆运行后本体运行温度、本体应力扰动等信息，需要在海缆本体安装光电复合海缆。

温度监测主要通过光电复合海缆中的光纤监测海缆铠装层温度，然后通过模型计算推算出海缆本体线芯温度，从而达到实时监测海缆运行状态的目的；应力扰动监测主要是监测海缆受外力、海水洋流冲刷、海缆附

图 1-16　在线监测仪

近施工打桩、过往船只抛锚砸伤或锚拉拽等因素产生的应力变化。

海南联网工程海缆在线监测采用了外缚光缆型式，实现了对海缆温度的监测。外缚光缆即在施放海缆的同时，将光缆捆扎在海缆之上，一同敷设在海底。外缚光缆可以减少海底光缆敷设通道，节省海底光缆敷设费用和海域使用费，同时可以实现对每根海缆的全部监控。但是由于外缚光缆加大了海缆施放的难度，根据对海缆施工企业的调查了解，目前国内施工单位尚无此类施工方式的记录，也无相应的施工机械。同时，为实现对三根海缆的全监控，需要三根海底光缆，这也会增加光缆的材料费。采用外缚型式时，无论海缆还是光缆损坏，修复时均需一同打捞，因而容易引起另一方因打捞而损坏的事故。由于光缆价值远低于海缆的价值，因此一旦出现光缆损坏情况，宜考虑该光缆直接报废，另敷设一根光缆处理，此后光缆由于不能再随海缆敷设，将失去监测功能。

1.3.8　附属设施

附属设施主要包括海缆终端站、海缆警示标志、防火设施等海缆线路附属部件。

1. 海缆终端站

海缆终端站是海底电力电缆上岸时通过电缆终端与架空线路或上岸电缆电气连接的

一个终端站，终端站内设备一般为线路避雷器、海缆终端、线路构架等。海缆终端站如图1-17所示。

图1-17 海缆终端站

海缆终端站的标高应大于历史最高潮位时的海浪泼溅高度，同时也应高于周围建设物的标高（一般以超过0.5m为宜）；对海浪可触及的海缆终端站，四周的围墙一般应高于2.5m，面向大海的一侧围墙应采用实体围墙，并适当采用弧形（向外）结构，高度应大于3.5m。

2. 海缆警示标志

由于海缆路由区经常有船只出没，因此为保护海缆使其免于船只抛锚伤害，在海缆登陆点两端设立相应的警示和水线标志，且与相关海洋部门联系，公布海缆敷设海域坐标。海缆水线、禁止抛锚警示标志如图1-18所示。

(a)   (b)

图1-18 海缆水线、禁止抛锚警示标志

(a) 海缆水线标志；(b) 禁止抛锚标志

3. 防火设施

海缆在上岸段采用电缆沟进入终端站时，工井、接头井、桥架等应设置阻火隔离，孔洞应封堵，海缆局部露出空气处、防火墙两侧及引上段、桥架等应敷设电缆用防火包带包裹防火。孔洞防火封堵如图 1-19 所示。

图 1-19　孔洞防火封堵

1.4　海底电力电缆主要技术参数

海底电力电缆的主要参数指标包括电性能指标和机械物理性能指标。电性能指标包括导体的直流电阻和交流阻抗、绝缘层的绝缘电阻、介电损耗、载流量，电缆的电容、电感，金属护层的感应电压和电流等；机械物理性能指标包括电缆的机械强度、导体抗拉强度、伸长率，绝缘层材料的机械物理性能等。

1.4.1　电性能指标

1. 载流量

海底电力电缆载流量是指一条海底电力电缆线路在输送电能时所通过的电流量，在热稳定条件下，当电缆导体达到长期允许工作温度时的电缆载流量称为电缆长期允许载流量。

2. 绝缘强度

绝缘强度是绝缘材料本身耐受电压的能力。作用在绝缘材料上的电压超过某临界值时，绝缘材料将损坏而失去绝缘作用。通常，电力设备的绝缘强度用击穿电压表示，而绝缘材料的绝缘强度则用平均击穿电场强度（简称击穿场强）来表示。击穿场强是指在规定的试验条件下，发生击穿的电压除以施加电压的两电极之间的距离。绝缘强度通常以试验来确定，绝缘强度随绝缘的种类不同而有本质上的差别。对海底电力电缆而言，交流耐压试验是鉴定其绝缘强度最有效和最直接的方法，是预防性试验的一项重要内容。由于交流耐压试验电压一般比运行电压高，通过试验后海底电力电缆在运行时有较大的安全裕度，因此交流耐压试验是保证海底电力电缆安全运行的一种重要手段。

1.4.2 机械性能指标

检测电缆的机械性能主要是考察绝缘和护套塑料材料的抗张强度、断裂伸长率（包括老化前后），还有对成品软电缆进行的曲挠试验、弯曲试验、荷重断芯试验、绝缘线芯撕裂试验、静态曲挠试验等。

老化前后抗张强度、老化前后断裂伸长率是电缆绝缘和护套材料重要的基本指标。要求用作电缆绝缘和护套的材料，既要有足够的拉伸强度不容易拉断，又要有一定的柔韧性。

若抗张强度和断裂伸长率不合格，进行电缆的施工安装时就极易出现护套或绝缘体断裂，或在光、热环境下使用的电缆其护套和绝缘容易变脆、断裂，致使带电导体裸露，发生触电危险。

另外由于软电缆不是固定敷设，使用中存在反复拖拉、弯曲等情况，所以对软电缆又增加了其成品电缆的动态曲挠试验、弯曲试验、荷重断芯试验、绝缘线芯撕裂试验、静态曲挠试验等项目，以保证软电缆在实际使用中满足要求。电缆的机械性能指标包括绝缘和护套的厚度、薄厚度、外形尺寸等。

绝缘和护套的厚度大小对电缆能够耐受电压的强度及其机械性能好坏都有很重要的作用，所以对于不同规格的电缆，其厚度都有严格规定，要求其不得低于国家标准的规定值。

电缆绝缘厚度太薄会严重影响电缆的使用安全，带来电缆击穿、导体裸露引起漏电等安全隐患，当然其厚度也不是越厚越好，应保证不影响安装，故相关标准设置了外形尺寸要求以对此进行限制。

部分电缆机械强度检测项目见表1-6。

表 1-6	部分电缆机械强度检测项目
检测项目	说明
固定敷设用电缆的弯曲试验	主要考核安装敷设中按规定倍数的弯曲半径弯曲数次（如 3 次，正反 180°弯曲为 1 次）后，绝缘是否损坏
曲挠试验	小直径产品直接取电缆试样，大直径多芯电缆可取一根绝缘芯。 采用曲挠试验机，试样安装在滑动小车上，两端挂砝码小车以恒速在 1m 距离间往返移动；试样的线芯间施加单相或三相交流电，并控制电流（不同截面积各有规定）。 试样应经受 15000 次来回移动弯曲（或称 30000 次单程移动弯曲），要求导体不发生短路，线芯间不短路。有护套的产品，试验后应剥去护套将绝缘线芯浸入水中，按标准进行浸水耐压试验
低温冲击试验	将试样平放在专用试验架上，将试验架放进低温箱中，按规定低温和时间进行冷却。到时间后在低温箱中让重锤（质量按电缆外径规定）从 100mm 高处自由落下，取出后恢复至室温，切开试样，检查各层应无裂纹

1.4.3 常用型号及参数

1. 单芯海底电力电缆型号及参数

海底电力电缆结构选型一般需考虑以下参数：

（1）系统额定电压 U_0/U。

（2）系统的长期最高工作电压 U_m。

（3）冲击耐压水平（BIL）。

（4）系统频率（50Hz）。

（5）操作耐压水平。

（6）电缆截面积。

（7）海缆设计使用年限（一般要求大于 30 年）。

（8）运行最大水深。

以舟山联网工程的交联聚乙烯绝缘海缆（HYJQ71－F 290/500 1×1800mm^2＋2×12B）结构为例来说明相关内容。光电复合海缆结构示意图如图 1-20 所示，尺寸、材料推荐值参照见表 1-7。

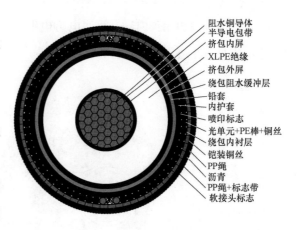

阻水铜导体
半导电包带
挤包内屏
XLPE 绝缘
挤包外屏
绕包阻水缓冲层
铅套
内护套
喷印标志
光单元+PE 棒+铜丝
绕包内衬层
铠装铜丝
PP 绳
沥青
PP 绳+标志带
软接头标志

图 1-20　光电复合海缆结构示意图

表1-7　　　　　　　　　　　　尺寸、材料推荐值参照

序号	结构名称	厚度（mm）	外径（mm）	材料	备注
1	阻水导体	—	51.50	纯铜	参考值
2	半导电带	2×0.12	51.98	半导电阻水带	参考值
3	挤包内屏	2.0	55.98	超光滑半导电屏蔽料	参考值
4	交联聚乙烯绝缘	31.0	117.98	超净交联聚乙烯料	
5	挤包外屏	1.5	120.98	超光滑可交联半导电屏蔽料	参考值
6	绕包阻水缓冲层	2×1.0	124.98	半导电阻水带	正搭盖或负搭盖自定
7	铅套	4.1～4.5	133.98	合金铅	
8	内护套	4.0	141.98	PE	
9	喷印标志	0	141.98	—	
10	光单元+PE棒+铜丝	—	—		
11	绕包内衬层	1×0.5	154.98	半导电料	参考结构
12	铠装铜丝（扁铜丝/或圆铜丝）	3.5（扁铜丝）7.0（圆铜丝）	161.98/168.98	7.0mm宽×3.5mm厚（扁铜丝）φ7.0（圆铜丝）	结构及尺寸为参考值
13	PP绳	φ3.0	166.78/173.78	黑色聚丙烯绳	绳收缩率为0.8
14	沥青	0.05	166.88/173.88	沥青	可采用其他清洁材料
15	PP绳+标志带	φ3.0	171.68/178.68	黑色聚丙烯绳+黄色聚丙烯绳	绳收缩率为0.8
16	工厂接头标志	—	—		

2. 三芯海底电缆型号及参数

以35kV三芯统包交联聚乙烯绝缘海缆（型号为SCCF－YJQF41 26/35kV 3×70mm²）为例来说明相关内容，海底电力电缆截面图如图1-21所示。海底电力电缆主要技术参数见表1-8。

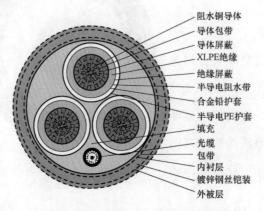

图1-21　海底电力电缆截面图

表 1 - 8 <center>海底电力电缆主要技术参数</center>

序号	材料名称	标称厚度（mm）	标称外径（mm）
1	铜导体＋阻水带	19/2.24	10.0
2	导体半导电屏蔽	0.8	11.6
3	交联聚乙烯绝缘	10.5	32.6
4	绝缘半导电屏蔽	0.8	34.2
5	半导电阻水带	1×0.3×40	34.8
6	合金铅套	1.7	38.2
7	防腐层＋PE护套	1.3	40.8
8	PP绳填充条 成缆外径	—	87.9
9	成缆包带	2×0.2×70	88.7
10	PP绳＋沥青 内衬层	1.0	90.7
11	钢丝铠装	$\varphi5.0×56$	100.7
12	PP绳＋沥青 外被层＋包带	3.2＋0.2	107.1
13	不锈钢管海底光缆单元	1组×12芯海底光缆	

1.5　海底电力电缆建设

海底电力电缆建设主要包括海缆设计、制造、施工及保护、试验四个阶段。海底电力电缆敷设安装前需要进行充分且详尽的海洋勘测，目的是为最优路径的选择、海缆设计及安装施工工艺的选择提供可靠支持。

1.5.1　设计

海底电力电缆建设的初期主要为海缆建设设计阶段，设计主要包括工程建设概况、海缆路由选择、海缆型式与结构、海缆附件选择、海缆敷设、海缆保护、海缆试验、海缆在线监测及通信等方面。

1. 海缆路由选择

海缆线路设计应本着安全可靠、经济适用原则，海缆路由设计阶段必须根据当地的地质情况进行多点钻探，以避开不良地质区域。

海缆路由选择包括路由初选、桌面论证、路由勘查、风险评估、环境评估、审查批准等阶段。海缆路由选择应综合考虑自然环境及工程地质概况，包括海洋水文、海洋气象、海洋地形、地貌、地质、海底稳定性等因素，海缆路由选择应避让自然保护区、军事设施、海底矿产。

海缆路由设计是海缆设计的重点，路由区及登陆点应尽量避免渔民捕捞活动区，施工期间海缆铺设区将不能进行捕捞作业，运营期内路由保护区范围内亦不能进行张网、拖网等作业，但由于铺设工期相对较短，保护区范围相对较小，海缆对捕捞影响较小，但在施工期应该做好生态保护措施，减少对海域生态的影响。若海缆路由位于围塘养殖区域，会对海洋渔业有一定影响。海缆施工和运维期间，张网区会对作业船只和海缆安全运行带来影响，需要清网。同时，海缆路由设计应考虑施工和运行经济性，应尽量避免穿越海沟、锚地、厂区以及涉及跨越海底其他管线，路由选择不合理将给今后施工和运行带来很大困难。

2. 海缆型式与结构

海缆应是整根连续制造出厂，制造长度应综合考虑路由长度、敷设偏差、水深影响、登陆段长度、站内及终端长度等因素，并考虑维修备用海缆长度。

海缆宜选用铜导体，海缆登陆段可采取适当措施，使电缆载流量与海底段载流量匹配。

3. 海缆接地系统

海缆金属护套金属层应在两端直接接地，海缆、陆缆过渡接头接地系统应考虑海陆分开接地，避免陆缆接地电流对海缆接地产生影响，造成三相环流不平衡。

海缆铠装锚固装置应充分接地，且应考虑使锚固装置接地线截面与线芯截面载流1∶1通流。

4. 海缆附件选择

海缆附件比海缆本身有着优于或者相同的电气性能和防水特点。

5. 海缆在线监测

海缆的光纤应具备通信和温度、应力监测等功能，海底电力电缆的光纤宜选用光电复合海缆。

1.5.2　制造

海底电力电缆的整个制造过程与一般电力电缆基本相同，但在电缆机械强度和防腐要求上有特殊规定，并要求电缆长度尽量延长。

以油浸纸绝缘电缆和挤压式绝缘电缆的制造过程为例，简述海底电力电缆的制造过程。油浸纸绝缘电缆首先用绝缘纸绕包线芯，而后真空干燥、浸油，完成导体线芯后，再包铅套，此时须经连续挤压的过程。挤压极长的电缆芯属于极为重要的步骤，须夜以继日进行。充油式电缆的导线芯从储缸到压铅机之间，经过一条虹吸输送管，管内注有除气油，以反方向流向导线芯，以便隔绝线芯与空气的接触。导线芯包上铅套后，需在旋转式平台上进行盘线（倘若电缆属于充油式或充气式，则可以另行添加适量的金属补强料），再给电缆包上聚乙烯护套（挤压聚乙烯护套也属于连续性作业），最后裹以二层镀锌钢线的铠装，外复油麻浸渍物。在最后生产的过程中，须在适当阶段透过聚乙烯护套把铅套和金属带接地。交联聚乙烯电缆和乙丙橡胶绝缘海缆的大部分生产过程，除了挤压及合成橡胶绝缘层的硫化过程外，大体上和纸绝缘铅套电缆的制造过程相近，但不使用铅护套。

海底电力电缆的制造需要根据工程订货数量来确定，订货长度除依据敷设路径的实测长度外，还应根据海底的地形起伏、敷设施工工艺方法造成的偏移轴线距离大小及其他影响因素并考虑适当余量。海底电力电缆订货长度余量推荐见表 1-9，根据我国目前施工水平，海底电缆订货余量选择可参照表 1-9 进行选择。

表 1-9 海底电力电缆订货长度余量推荐

电缆路径长度（km）	敷设施工电缆余量（%）	边敷设、边深埋施工电缆余量（%）
<1	5~10	3~5
1~3	4~7	2~4
>3	3~5	1~3

海缆由生产厂家交付前，应按照相关订货合同、技术协议、设计联络会议文件等组织交货验收，验收主要针对海缆及附件的技术参数、性能、结构、试验等方面的技术和相关工作，生产厂家及检造方应提供相关文件及技术说明书等。海缆出厂验收的一般技术资料清册见表 1-10。

表 1-10 海缆出厂验收的一般技术资料清册

海缆生产厂家	检造方
产品检验合格证书	导体的拉丝及绞制记录
主要原料的物理、化学特性，型号，对应的工厂检验报告	导体屏蔽、绝缘与绝缘屏蔽三层共挤记录
主要部件的出厂试验报告	需要脱气的绝缘体烘房脱气记录
海缆半成品试验报告、海缆出厂试验报告	外护层的制作记录
海缆附件出厂试验报告	铠装层的处理记录
型式试验报告	附件的部件制造记录

续表

海缆生产厂家	检造方
产品改进或完善的技术报告	海缆的试验及试验后的检查报告
与分包者的技术协议和分包合同副本	对重要的外协、外购件的质量和数量的检查报告
海缆及其附件在制造过程中出现问题的备忘录	海缆及其附件的包装质量的检查报告
海缆相关技术文件、图纸、技术手册、特性、分析方法和有关的注意事项等	工厂接头的试验报告

1.5.3 施工及保护

1. 工艺流程

海缆施工工艺主要分 12 步,包括前期准备、路由复测、过缆作业、扫海、试航、登陆准备、抛设主牵引钢缆、始端登陆、海中段电缆埋设、终端登陆、海缆保护、质量检查与验收。海缆施工工艺流程图如图 1-22 所示。

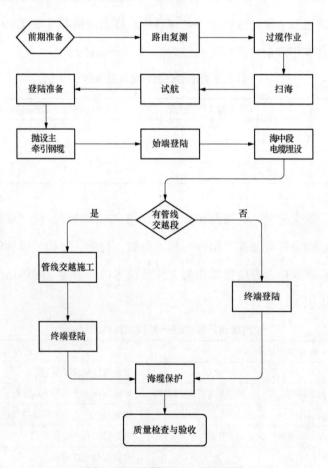

图 1-22 海缆施工工艺流程图

2. 前期准备

（1）技术准备。完成施工图纸会审、施工方（预）案及作业指导书的编制，并进行技术交底。

（2）施工机具准备。施工船队、警戒船队、埋设机、绞磨机、电测系统、对讲机、钢丝、切割及封头等机具设备的数量、性能均需满足施工要求。

（3）组织准备。首先是施工周期的选择，一般施工周期选择在小潮汛期间，需通过气象预报和当地气象分析综合制定；其次是人员组织，选择经培训考试合格并能胜任该工程的项目经理及项目管理成员、现场作业人员负责工程建设；最后是办理海缆施工的相关许可证及方案评审，包括办理海缆铺设的水上水下施工许可证，组织施工前各利益方协调会、现场警戒协调会等。

（4）现场布置。施工船舶机具布置合理到位；登陆点土建电缆沟应保证电缆通道畅通、排水良好、整洁无杂物，并复测完毕，警示装置、LED冷光源装置均应安装调试完毕，正常投入运行；牵引绞磨机摆放位置合理、固定牢靠。

3. 过缆作业

根据过缆地点不同可将过缆分为电缆厂方码头过缆和江（海）面电缆运输船上过缆两种形式，一般优先选用电缆厂方码头过缆方式。过缆现场如图 1-23 所示。

电缆厂方码头过缆：施工船靠泊在厂家码头，通过连接工厂车间和码头的传送带直接将电缆输送到电缆施工船上，再由施工船运输到施工现场后直接展放电缆，中间不需要再次转运，而且施工船上均设有退扭架和电缆盘，用来装载和敷设电缆。

装船结束后需要重新对海缆性能进行检查测试，以确认各项性能指标（交流耐压、绝缘电阻等）满足其工程设计要求，防止过缆不当造成海缆损坏。

图 1-23　过缆现场

4. 现场准备

（1）路由复测。海缆施工前，须对电缆的设计路由进行复测，特别是要复核海缆登陆点、海上管线交越点、路由拐点、海况复杂区域的坐标及水文参数，以确保施工的准确性。

（2）试航。施工船舶到达施工现场之后，首先安排其在设计施工路由区域内进行试航，以熟悉施工区域内设计路由的各个关键点及潮水情况；然后对船上的所有埋设设备及后台监测设备进行模拟操作演练，确保所有施工设备及监测装置正常使用。

（3）扫海。该工作主要是为了解决施工路由轴线上影响施工顺利进行的废弃缆线、插网、渔网等小型障碍物。扫海船只应配备差分全球定位系统（differential global position system，DGPS）进行导航和定位，扫海次数不得少于 2 次，扫海须保持拖拽钢缆与水面夹角大于 30°，航速控制在 3 节以内，以保证锚与海床充分接触。对于扫海船只无法判明或处理的障碍物，由潜水员海下探摸和排除；如遇到类似文物、沉船等大型无法处理的障碍物，则应及时向建设单位和设计单位报告，确定合适的处理办法。

（4）敷设主牵引钢缆。由锚艇在海缆设计路由上通过 GPS 导航定位抛设牵引锚，并与主牵引钢缆连接后开始敷设主牵引钢缆，直至将主牵引钢缆与施工船上的卷扬机相连接。在转向点处，沿海缆路由方向延伸至少 150m 处下锚，以确保其在转角处可圆弧状平缓过渡施工。牵引钢缆的敷设精度以控制在 10m 内为宜。

（5）登陆准备。根据现场实际情况，登陆前在两登陆点的路由轴线上挖设绞磨机地垅，在登陆的滩涂上按设计轴线敷设海缆登陆的牵引钢丝，并在海缆登陆路由沿途设置专用滑车及转角滑车，以减小海缆登陆时的摩擦力。

5．始端登陆

海底电力电缆始端登陆宜选择在登陆作业相对困难的一侧。登陆前，海缆、陆缆交接处的人工井及电缆沟必须提前建成；若需穿越防波堤，防波堤下的电缆通道必须预埋并且保证贯通。海缆始端登陆示意图、现场图分别如图 1 - 24、图 1 - 25 所示。

（1）始端船只定位。施工应在平潮的时候进行。施工船应尽量靠近登陆点，以减少登陆段的距离。施工船只宜八字开锚固定在路由轴线上，同时要注意防止潮流变化使船位移动。

（2）始端登陆。登陆段海缆应用气囊助浮，同时用岸上绞磨机牵引海底电缆登陆。登陆长度应满足设计要求，并留有足够余量。

（3）电缆固定。始端电缆登陆完毕后在登陆岸边应用钢缆或绳子固定住电缆，以防电缆开始敷设时施工船只将登陆电缆牵引至海中。

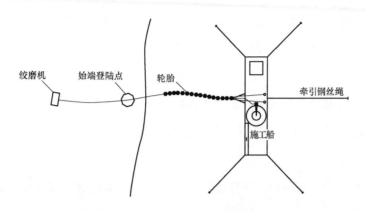

图 1-24　海缆始端登陆示意图

图 1-25　海缆始端登陆现场图

6. 海中段电缆埋设

（1）埋设机投放，埋设机起吊，脱离停放架，电缆装入埋设机腹部，关上门板，埋设机缓缓搁置海床面，潜水员水下检查电缆与埋设机相对位置，启动埋设机上高压潜水水泵供水，启动埋深监测系统；启动 DGPS，启动牵引卷扬机，施工船只起锚，开始牵引敷埋作业。埋设示意图如图 1-26 所示。

（2）启动施工船上的卷扬机绞动钢缆，带动施工船前进。施工船船舷配有拖轮或锚艇，在必要时对施工船进行顶推，辅助施工船沿着设计路由前进；施工船周围配置锚艇、工作艇、护航船、交通船，以维护海上秩序。

（3）中间海域海底电缆敷埋时，应随时

图 1-26　埋设示意图

观察主牵引钢丝绳受力情况及电测数据变化，电测系统显示图如图 1-27 所示。中间海域海底电缆敷埋时，入水角控制为 $45°\sim60°$，牵引速度控制为 $3\sim10$m/min，在埋设机下坡时应缓慢牵引，随时调整埋设机姿态，确保埋设深度及海底电缆安全。根据水深变化，及时调整皮笼和导缆笼长度，做到勤拆勤装。导缆笼安装时，必须安装出水面以上 0.5m，信号缆必须与主牵引钢缆相对固定。施工船应显示规定的信号灯，并悬挂好施工旗。

（4）埋设机提升，应按照以下操作规程进行：调整牵引钢缆和埋设机起吊索具将埋设机移位至距船尾 7m 处；逐件卸去导缆笼；采用卷扬机将埋设机吊出水面，调整牵引钢缆及起吊索具将埋设机搁置在专用停放架上；将电缆从埋设机电缆通道内取出并放入水槽中。

海中段海缆埋设现场图、海缆深埋敷设示意图分别如图 1-28、图 1-29 所示。

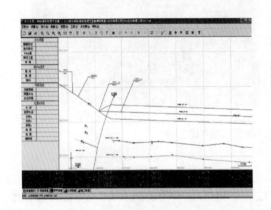

图 1-27　电测系统显示图

图 1-28　海中段海缆埋设现场图

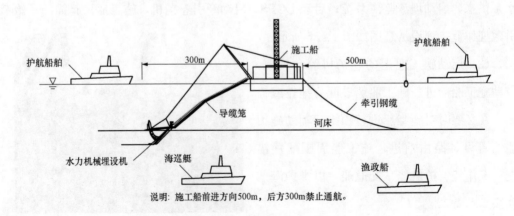

说明：施工船前进方向500m，后方300m禁止通航。

图 1-29　海缆深埋敷设示意图

7. 终端登陆

（1）电缆埋设施工至终端登陆点附近后，应立即下锚固定船位并将其定位于海缆设计路由上。施工船应根据实际水深尽量向登陆点接近，并利用八字开锚将施工船调整至与岸线平行。

（2）海缆登陆由履带布缆机送出，启动布缆机将海缆通过入水槽送入水中。在海缆入水段每隔 2m 垫以充气内胎助浮，并使用气囊助浮，使之在水面上呈 Ω 形状。

（3）海缆不断送出后，在水面上逐渐形成一个不断扩大的 Ω 形状。工作艇监视和控制海面上海缆弯曲情况，防止海缆打小圈。

（4）待海缆头牵引出施工船后，在海缆头上设置活络转头，并与设置在终端平台处绞磨机的牵引钢丝连接，启动绞磨机牵引。海缆牵引施工时，沿海缆登陆路由设置滚轮，减少海缆牵引时的摩擦力。待海缆牵引施工完成后，在 DGPS 的定位下，沿登陆段海缆逐个拆除浮运海缆的轮胎，将海缆按设计路由沉放至海床上。

海缆终端登陆示意图如图 1 - 30 所示。

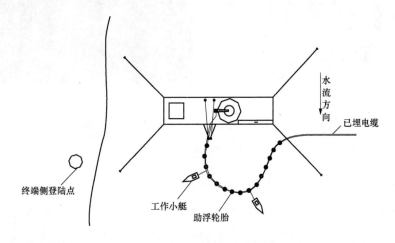

图 1 - 30　海缆终端登陆示意图

8. 海缆保护

在施工的最后阶段，主要是对海缆进行深埋保护，以减小复杂的海洋环境对海缆的影响，保证运行安全。

国内方面，对特殊海域环境下海缆和管道的保护方式主要有套管、基岩开槽、抛石、混凝土联锁排、定向钻孔和设置隔离钢索或隔离钢链等。2015 年的广东荔湾输气管道敷设工程、2011 年中国海洋石油集团有限公司在我国南海深水天然气输送海底管道工程均采用了落管抛石保护的技术方案，但在海缆领域仅有海南 500kV 海缆联网工程中采用该种保护方式。套管保护在舟山多条海缆工程中运用并且最为常见。基岩开槽应用很少，主要限于目前技术的缺陷，深水处还未能开展相关工作且费用巨大。海缆套管保护、混凝土联锁排保护示意图及施工现场图分别如图 1-31、图 1-32 所示。

图 1-31　海缆套管保护

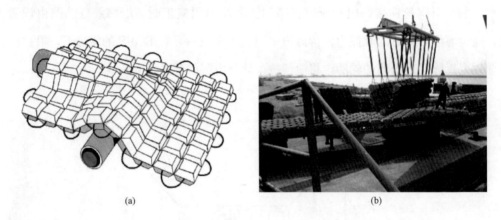

(a)　　　　　　　　　　　　(b)

图 1-32　混凝土联锁排保护示意图及施工现场图

(a) 示意图；(b) 施工现场图

国外方面，荷兰于 2008 年在 BP-sharv 海缆项目、挪威于 2006 年在 ormen lange 海缆工程中均采用了抛石保护方案并取得了较好的效果。1967 年意大利与科西嘉岛间 SACOI 高压直流电缆和日本在明石海峡敷设的充油电缆，采用隔离钢索或隔离钢链来保护电缆。基岩开槽在 2009 年日本北海道直流海缆工程中运用。混凝土联锁排及河道保护应用在意大利数个海缆工程中。

9. 质量检查与验收

质量检查与验收时应对海缆埋设的轨迹、深度、电缆扭曲半径、缆间距、特殊环境下保护措施以及与其他管线交叉跨越情况、标识等进行抽样复测，对流程图中所列关键控制点按照规范要求或设计要求进行逐项检查。

(1) 海缆埋设的路由偏差标准。

1）埋设时偏差应按设计要求，并控制为不大于水深的 1.5 倍。

2）施工中的海缆路由与设计路由的偏差：80％以上达到设计要求的为优良，50％以上达到设计要求的为合格。

（2）海缆敷设、埋设余量一般为水平距离的 1.5％～2.5％，或按设计要求，余量控制达到要求的为优良，余量超过上限但路由偏差达到要求的为合格。

（3）海缆埋设深度（简称埋深）的偏差。

1）人工埋深偏差小于 10％的为优良，10％～20％的为合格。

2）机械埋深偏差小于 5％的为优良，5％～10％的为合格。

（4）海缆的电气、通信性能。

1）施工完毕后，海缆的电气、通信性能的测试结果满足标准或设计要求的为优良。

2）海缆的竣工测试包括海缆铅包绝缘、主绝缘、铅包直流电阻、缆芯直流电阻、电容、相位校核以及交流耐压试验，试验的数值应与电缆的出厂值符合。

1.5.4 试验

海底电力电缆在研究开发、鉴定、制造和安装时要经受全面的试验，主要有研究性试验、型式试验（机械试验、负荷循环试验、冲击试验）、例行试验、工厂验收试验、安装后试验、非电气试验。出厂前海底电力电缆需要进行严格的检测，包括型式试验、机械试验、负荷循环试验、冲击试验、例行试验、高电压例行试验、工厂验收试验（FAT）。

1. 型式试验

海底电力电缆在敷设前需要根据海底电力电缆的试验标准进行专业检测。海底电力电缆可用的型式试验标准见表 1-11。

表 1-11　　　　　　　　　　海底电力电缆可用的型式试验标准

标准	标准名称
国际大电网会议（Electra 171，1997 年 4 月）	海底电缆推荐机械试验规范
国际大电网会议（Electra 189，2000 年 4 月）	系统电压 30（36）kV～150（170）kV 挤包绝缘大长度交流海底电缆推荐试验规范
国际大电网会议（Electra 189，2000 年 4 月）	额定电压 800kV 及以下直流输电电缆推荐试验规范
国际大电网会议（国际大电网会议技术手册 21.01 工作组 219 号文件，2003 年 2 月）	额定电压 250kV 及以下挤包绝缘直流输电电缆推荐试验规范（包括海底电缆）
IEC 60840	额定电压 30kV（$U_m=36kV$）～150kV（$U_m=170kV$）挤包绝缘电缆—试验方法及要求
IEC 62067	额定电压 150kV（$U_m=170kV$）～500kV（$U_m=550kV$）挤包绝缘电缆—试验方法及要求

2. 机械试验

卷绕试验适用于在制造、装运以及安装时会卷绕的海缆，通过卷绕试验要证实电缆经受相应参数的卷绕操作后性能仍稳定。张力弯曲试验用于证明海缆能够承受安装时的张力以及海缆经过敷设滑轮的弯曲。对充油和充气海缆还需进行内部压力试验。

3. 负荷循环试验

交流海底电力电缆通常按地下电缆的相同规范经受电气试验。黏性油浸纸绝缘高压直流海底电力电缆的负荷循环试验要求，24h 负荷循环由 8h 的电缆满载、随后 16h 的自然冷却组成。根据海底条件，试验可规定能反映不同温度和季节的冷和热的环境温度。

4. 例行试验

例行试验在所有交货长度电缆上进行。在不同的对海底电力电缆适用的试验标准中，规定了不同的试验顺序。几乎所有的标准都要求测量导体电阻、绝缘电容和绝缘损耗角正切值 tanδ。

5. 高电压例行试验

直流高压试验需要将电缆充电达到规定的电压。交流海缆的例行和安装后交流电压试验见表 1-12。

表 1-12　　　　　　　交流海缆的例行和安装后交流电压试验

标准	额定电压 (kV)	U_0 (kV)	例行试验电压（相对地）(kV)	安装后试验电压（相对地）(kV)
IEC 60502—2	30	18	63	30（5min）或 18（24h）
IEC 60840	45～47	25	65	52
	60～69	36	90	72
	110～115	64	160	128
	132～138	76	190	132
	150～161	87	218	150
1EC 62067	220～230	127	318	180
	275～287	160	400	210
	330～345	190	420	250
	380～400	220	440	260
	500	290	580	320

6. 工厂验收试验（FAT）

工厂验收试验是发运前的最后一个试验项目。通常进行工厂验收试验后即可为客户发放认可证书，工厂验收试验成为工程的里程碑。例行试验方法也适用于工厂验收试验。海底电力电缆的机械试验和透水试验应由国家认证的第三方检测机构开展并提供检测报告。工厂验收试验项目见表 1-13。

表 1-13　　　　　　　　　　工厂验收试验项目

序号	试验项目		备注
1	主绝缘交流耐压		例行试验
2	电容测量		抽样试验
3	导体	导体结构	
		20℃导体最大直流电流	
4	绝缘	绝缘厚度	
5		热延伸：载荷下伸长率冷却后最大永久伸长率	
6	金属护套	铅套厚度	
7	外护套	外护套厚度	
8	铠装层	铠装镀锌钢丝检查	
9	成品电缆	成品外径	

7. 海底电缆现场试验

对带有接头和终端的整条电缆线路，通过安装后试验来证实海缆的无损伤。对于大长度海缆线路，由于海缆充电，因此会导致试验时间很长。对于直流海缆工程，对其施加直流电压试验并要测试导体对地绝缘电阻的大小。对于交流高压试验，试验回路容量与电缆电容和试验电压的二次方成正比。对大多数海缆线路来说，交流电压试验的容量超过了大多数高压试验变压器的容量。另一个海缆交流试验的方法是将海缆接入电网中运行 24h。例行试验和安装后试验电压见表 1-14。

表 1-14　　　　　　　　　　例行试验和安装后试验电压

电缆号	额定电压 U_0	绝缘	适用标准	例行试验电压	安装后试验电压
1	33kV，交流	交联聚乙烯绝缘	Electra 189a，参照 IEC 60840	—	—
2	150kV，交流	交联聚乙烯绝缘	Electra 189a，参照 IEC 60840	218kV	150kV
3	420kV，交流	充油电缆	IEC 62067	440kV	260kV

续表

电缆号	额定电压 U_o	绝缘	适用标准	例行试验电压	安装后试验电压
4	150kV，直流	聚合物绝缘	国际大电网会议 TB219	$1.85U_o=-278kV$，直流	$1.45U_O=-218kV$，直流，15min
5	450kV，直流	黏性油浸纸绝缘	Electra 189b	$1.85U_o=-810kV$，直流，15min	$1.4U_O=-630kV$，直流，15min

第2章

海底电力电缆线路运行管理

2.1 海底电力电缆运行管理基本要求

2.1.1 海底电力电缆运行特性

海底电力电缆主要应用于岛屿供电、跨海域电网连接、海上风电场、海上石油平台以及跨越江河输电等领域，具有安全稳定、架设速度快的优点。随着我国海洋开发不断深入，海缆的建设里程也在快速增加，并且朝着超高压、大容量、长距离的方向发展。在以群岛建市的地区（如浙江省舟山市、海南省三沙市）海岛众多且岛屿间分布较为分散，这种独特的结构导致该类地区电网的输电线路中海缆所占比例很高。随着海缆施工技术的不断提升，海缆敷设方法也日新月异，当今技术可做到将海缆敷设于海床以下数米深的电缆沟中，不受外力损坏时正常运行20年以上。然而，由于海缆自身结构复杂、运行环境恶劣，易发生缆体损坏甚至断裂等严重故障。

通常来说，电缆线路一般具有隐蔽性、开放性、共存性等特点，海缆的运行特点与陆缆相似，却又不完全一样。海缆与陆缆特性对比见表2-1。

表2-1 海缆与陆缆特性对比

序号	特性	陆上电缆	海底电缆
1	隐蔽性	敷设在地下肉眼不可见	埋在海底且海上没有固定的标识物
2	开放性	易受施工等外界环境的影响	海底的管道种类和数量越来越多，容易受到影响
3	共存性	与燃气、通信等管线组成一个地下管网"生态"系统	海底原油输送管道、淡水输送管道、海底通信光缆等

1. 隐蔽性

陆缆敷设在地下肉眼不可见，因此需要靠日常管理来保证电缆路径走向等数据的准确性。海缆的路径查找工作比陆缆更为困难,由于海上没有固定的标识物,因此查找起来相当麻烦,因此可靠的经纬度和定期的扫海报告非常必要。

2. 开放性

电缆像蜘蛛网一样密集分布在城市的大街小巷,容易受施工等外界环境的影响;海洋经济的发展活力逐渐被重视,资源流通和互换变得更加频繁,海底的管道种类和数量也越来越多。海底原油输送管道、淡水输送管道、海底通信光缆等管道在施工过程中,也会对海底电缆的安全稳定运行产生影响。

3. 共存性

陆缆与燃气、通信等管线分布在地下的有限空间当中,组成一个地下管网"生态"系统。电缆可能是管网事故的"受害者",也可能是"肇事者",管理难以独善其身。海缆除有类似管道问题之外,每年大概有90%以上的海缆外破故障都是由船只违章锚泊造成的,且海缆检修所需的时间和金钱成本比陆缆高出很多,海上船只所用船舶自动识别系统(automatic identification system,AIS)可被人为关闭,管控难度更大。

由于海缆的特点以及海缆故障具有维修周期长、费用高、责任追究难的特点,因此需要对海缆的运行状态进行定期巡检,提前发现潜在风险,以保证岛际电力通道的安全,所以良好维护海缆输电线路对于城市电网尤其是以群岛建市的地区尤为重要。

2.1.2 对运行单位的要求

面对跨海输电的需求,海缆对其运行单位有较高的要求,因此海缆的运行单位要统筹好验收前、验收、巡视、检测、试验、检修、退役等电缆全寿命运行周期的工作。运行单位应建立健全岗位责任制,运行、管理人员应全面掌握海缆状况,熟悉维修技术,熟知有关规程制度,定期分析海缆运行状态,提出、讨论并实施可有效预防事故、提高安全运行水平的措施。

针对已被验证为有效科学的管理方法,各运行单位需要积极地学习采用,加强与其他高压海缆运行单位的交流学习,主动根据各单位高压海缆以往的验收情况、运行经验、检修过程、抢修经历等,总结相关经验教训,掌握管理规律,并根据当地实际情况,因地制宜地纳入海缆运行体系之中以保障海缆的运行安全,提高高压海缆的运行管理水平。

海缆工程施工建设过程中,运行单位应积极参与海缆及通道的路由规划、设计评审、材料选型及附属设备招标等全过程管理工作,并根据本地区的特点、运行经验和反事故措施提出改进建议，力求设计、选型、施工与运行协调一致。积极与监理协调，做好施工过程中的过程管控，保证所确定的施工建议有效实施。在施工过程中，对海缆中间接头附件制作、终端附件制作等关键工艺，最好能派专人监督，并做好监督台账。

在验收的时候，需要及时对各段路径进行定位。运行时间一长，可能就很难明确海缆路径走向，对后期的运行和检修，会造成极大的不便。对于新投运的海缆，应严格遵照海缆施工及验收的各项要求，做好验收移交工作。同时运维单位应建立海缆及通道资产台账，定期清查核对，保证账物相符。对与公用电网直接连接的且签订代维护协议的海缆用户应建立台账。运行单位要能组织海缆检修工作或与有能力组织海缆检修工作的组织、单位、部门有长期的合作机制，以保障海缆需要紧急抢修时能迅速展开抢修工作。

在海缆投运之后，运行单位应积极采用先进技术，实行科学管理。新材料和新产品应通过标准规定的试验、鉴定或工厂评估合格后方可挂网试用，并在试用的基础上逐步推广应用。运行单位需要执行的规程制度见表 2-2。

表 2-2 运行单位需要执行的规程制度

序号	规程名称
1	DL/T 1278—2013《海底电力电缆运行规程》
2	Q/GDW 1512—2014《电力电缆及通道运维规程》
3	DL/T 1148—2009《电力电缆线路巡检系统》
4	Q/GDW 11316—2014《电力电缆线路试验规程》
5	Q/GDW 11224—2014《电力电缆局部放电带电检测设备技术规范》
6	Q/GDW 455—2010《电缆线路状态检修导则》
7	Q/GDW 11262—2014《电力电缆及通道检修规程》
8	Q/GDW 1168—2013《输变电设备状态检修试验规程》
9	Q/GDW 456—2010《电缆线路状态评价导则》
10	Q/GDW 11223—2014《高压电缆状态检测技术规范》
11	GB/T 51190—2016《海底电力电缆输电工程设计规范》
12	GB/T 51191—2016《海底电力电缆输电工程施工及验收规范》
13	《电力安全事故应急处理和调查处理条例》
14	GB 26859《电力安全工作规程电力线路部分》
15	《海底电缆管道保护规定》
16	《电力设施保护条例实施细则》
17	《中华人民共和国电力法》
18	《电力设施保护条例》

运行单位应具备表 2-2 所列的规程制度，并根据实际情况执行，对于海缆的复杂性仅仅依靠运维管理单位可能无法完全保障海缆安全稳定，运维单位更要及时与海上管理的职能机构如海事局和渔业局签订联动协议，保障海缆通道的安全。

海缆运行单位应建立与渔政、海事等单位的联动及应急响应机制，完善海缆突发事件处理预案。海缆运行管理单位应牵头组织当地政府主管部门、相关海事执法部门、海洋与渔业管理部门、公安部门、交通管理部门、文化部门、当地媒体等相关单位成立海缆运行维护协管组织，定期召开联络会议，对海缆设施保护工作进行宣传、沟通和交流。

2.1.3 对运行人员的要求

由于海缆相对于陆缆更加复杂，因此对运行人员有着更高的要求。海缆的运行人员应进行必要的技能和技术培训，并取得相关资质和证书。

运行人员应熟悉海缆及附属设备、附属设施的结构、原理和功能，同时更要熟悉海缆带电检测的项目、内容、方法以及数据分析方法和缺陷判别方法，必要时需要通过多种带电检测项目来分析和判别缺陷；应做好带电检测的资料整理，在必要时可进行历史数据对比分析。对于海缆的在线检测，如海缆本体的光扰动检测、温度检测等，应设专人管理数据。

运行人员应增强自身的责任意识。运行人员必须熟悉所管辖海缆的基础信息，如海缆型号、附件型号、接地箱数目、附属设施功能、路由走向、运行环境等。并定期对海缆的实际运行情况进行总结分析，及时发现隐患，保障设备安全可靠运行。

通常在海缆运行技术要求、海缆设备、海缆保护三个方面对运行人员有较高的要求。

2.1.4 海底电力电缆运行基本要求

（1）海缆的运行工作必须贯彻安全第一、预防为主的方针，严格执行国家和电力行业相关规定。运行单位应全面做好海缆的巡视、检测、维修和管理工作，应积极采用先进技术和科学的管理方法，不断总结经验、积累资料、掌握规律，保证海缆安全运行。

（2）运行单位应参与海缆的规划、路由选择、设计审核、材料设备的选型及招标等生产全过程管理工作，并根据本地区的特点、运行经验和反事故措施，提出要求和建议，力求设计与运行协调一致。

（3）对于新投运的海缆，应严格遵照海缆施工及验收的各项要求，做好验收移交工作。

（4）运行单位必须建立健全岗位责任制，运行、管理人员应全面掌握海缆状况和维修技术，熟知有关规程制度，定期分析海缆运行情况，提出、讨论并实施可有效预防事故、提高安全运行水平的措施，如发生事故，应按《国家电网公司安全事故调查规程（2017 修正版）》的有关规定进行。

（5）运行单位必须以科学的态度管理海缆线路，允许依据海缆运行状态开展维修工作，但不得擅自延长维修周期。

（6）海缆必须有明确的运行分界点，应明确划分海缆与陆缆、海缆与架空线等的运行分界点，不得出现空白。

（7）海缆新型器材和设备必须经试验、鉴定合格后方能试用，在试用的基础上逐步推广应用。

（8）海缆运行管理必须严格执行《中华人民共和国电力法》《电力设施保护条例》《电力设施保护条例实施细则》《海底电缆管道保护规定》等法律法规，防止外力破坏，做好线路保护及群众护缆等宣传工作。

（9）运行单位可根据 DL/T 1278—2013《海底电力电缆运行规程标准》编制现场规程或补充规定，由本单位总工程师批准后实施。

（10）海缆的机械性能要求如下：

1）海缆对机械性能有严格的要求，其机械性能应符合 CIGRE 规定。

2）海缆应能承受敷设、回收、检修过程中的拉、扭等各种应力作用。

3）使用单层钢丝作为铠装的海缆，其导体截面积必须能满足所有的机械拉力要求。

4）海缆必须进行的机械强度试验有盘绕试验、张力弯曲试验。

5）海缆的弯曲半径应不小于 25 倍海缆外径。

6）海缆线路的正常工作电压不宜超过海缆额定电压的 5%。

（11）充油海缆油压整定的基本要求如下：充油海缆的油压整定除了考虑因负荷变化产生的油压变化外，还应考虑在海缆路由最深处海缆的内部油压必须大于该处的最高水压，以防止铅包有渗漏时水分浸入海缆内部。

（12）充油海缆必须接有供油装置。供油装置选择时应使海缆工作的油压变化符合下列规定：

1）在冬季最低温度空载时，海缆线路最高部位油压不得小于允许最低工作油压。

2）在夏季最高温度满载时，海缆线路最高部位油压不得大于允许最高工作油压。

3）在夏季最高温度突增至额定满载时，海缆线路最低部位或供油装置区间长度一半部位的油压不宜大于允许最高暂态油压。

4）在冬季最低温度从满载突然切除时，海缆线路最高部位或供油装置区间长度一半部位的油压不得小于允许最低工作油压。

5）充油海缆的允许最低工作油压必须满足维持海缆电气性能的要求。允许最高工作油压、暂态油压应符合海缆耐受机械强度的能力，且遵守下列规定：①允许最低工作油压不得小于0.02MPa；②铅包、铜带径向加强层构成的海缆，允许最高工作油压不得大于0.4MPa，用于重要回路时不宜大于0.3MPa；③铅包、铜带径向与纵向加强层构成的海缆，允许最高工作油压不得大于0.8MPa，用于重要回路时不宜大于0.6MPa。

6）允许最高暂态油压，可按1.5倍允许最高工作油压计。

（13）海缆的接地要求如下：

1）大长度海缆必须每隔一定距离按设计要求把铅套和金属加强带接地一次。

2）单芯海缆终端处外铠直接接地时，宜采用接地箱接地的方式，接地引线应采用绝缘导线，导线的截面积应符合设计要求，并采用三相合并后从中性点引接的接地方式。

3）接地时必须保证接地点的水密封性。

4）一般接地点设计在工厂软接头内。

（14）海缆的保护范围。

1）国家实行海缆保护区制度，政府海洋行政主管部门应当划定海缆保护区，并向社会公告。

2）海缆保护区的范围按照下列规定确定：①沿海宽阔海域为海缆两侧各500m；②海湾等狭窄海域为海缆两侧各100m；③海港区内为海缆两侧各50m。

2.1.5　海底电力电缆运行一般规定

1. 海缆的路由和登陆点要求

（1）海缆路由应满足海缆不易受机械性损伤、能实施可靠防护、敷设作业方便、经济合理等要求，且符合下列规定：

1）海缆宜敷设在海床稳定、流速较缓、岸边不易被冲刷、海底无石山或沉船等障碍、少有沉锚和拖网渔船活动的水域。

2）海缆不宜敷设在码头、渡口、水工构筑物近旁、疏浚挖泥区和规划筑港地带。

（2）海缆登陆点的要求如下：

1）登陆点的地形坡度要满足海缆登陆敷设要求。

2）登陆点及浅水区域应无威胁海缆安全运行的因素，如岸坡抛石、海水养殖的网箱、插桩及附近工厂排出的腐蚀液等。

2．海缆正常运行时的允许温度和载流能力

（1）海缆导体长期允许工作温度见表 2 - 3。海缆导体的长期允许工作温度不应超过表 2 - 3 温度（若与制造厂规定有出入时应以制造厂规定为准）。

表 2 - 3　　　　　　　　　海缆导体长期允许工作温度　　　　　　　　　℃

绝缘种类	额定电压（kV）			
	10	20～35	110～330	500
交联聚乙烯绝缘	90	80	90	—
油绝缘	—	75	75	90

（2）最大工作电流作用下的导体温度不得超过按海缆使用寿命确定的允许值。

（3）110kV 及以上电压等级的海缆，其陆上部分表面温度超过 50℃时，应采取散热措施降低温度。

（4）海缆正常运行时的长期允许载流量，应根据海缆导体的工作温度、海缆各部分的损耗和热电阻、海缆的敷设方式和并列条数、环境温度以及散热条件等加以确定。

（5）海缆原则上不允许过负荷。在处理事故时出现的过负荷，应迅速恢复其正常电流。

3．海缆短路时的允许温度和短路电流

（1）海缆短路时，海缆导体的最高允许温度满足下列规定：

1）海缆导体最高允许温度见表 2 - 4。海缆线路中无中间接头时，按表 2 - 4 的规定执行。

2）海缆线路中有中间接头时，对于采用压接接头的海缆导体的最高允许温度不宜超过 150℃。

表 2 - 4   海缆导体最高允许温度

海缆类型	电压（kV）	短路时导体最高允许温度（℃）
交联聚乙烯绝缘	≥10	250
油绝缘	63～500	160

（2）系统短路时，海缆的允许短路电流可按式（2-1）计算。

$$I = \sqrt{\frac{C_V}{\alpha k \rho_{20}} \ln \frac{1 + \alpha(\theta_s - 20)}{1 + \alpha(\theta_0 - 20)}} \times \frac{A}{\sqrt{t}} \times 10^{-3} \qquad (2-1)$$

式中　C_V——海缆导体的热容系数，J/（m^3·℃）（铜导体为 3.5）；

　　　α——导体电阻系数的温度系数，1/℃（铜导体为 0.00393）；

　　　k——20℃的导体交流电阻与直流电阻之比；

　　　ρ_{20}——20℃时导体的电阻系数，Ω·mm^2/m（铜导体为 0.0184）；

　　　θ_s——短路时导体或接头的允许温度，℃；

　　　θ_0——短路前导体的运行温度，℃；

　　　A——海缆导体的截面积，mm^2；

　　　t——短路时间，s。

（3）海缆的温度监视。

1）检查海缆的温度应选择海缆排列最密处、散热情况最差处、有外界热源影响处、海缆电气连接处和海缆接地体，宜采用在线测温。

2）测量海缆的温度应在夏季或海缆较大负荷时进行。

2.1.6　海底电力电缆的保护和故障预防

1. 海缆警示标志要求

（1）海缆两岸必须设置禁锚警示牌，禁锚警示标志必须醒目，并具有稳定可靠的夜间照明（宜采用冷光源）；电源不稳定地区尽量使用太阳能照明。

（2）海缆线路应配齐禁止、警示、警告等各类标志牌，各类标志牌要求醒目。

（3）新建海缆线路的警示标志应与海缆线路同设计、同施工、同验收。

2. 海缆了望台的要求

应有完善的生活设施，雷达、望远镜、探照灯、通信设备、扩音器等设施必须配齐且完好。

3. 海缆终端设备的要求

（1）海缆标志牌完好、设备命名齐全、海缆相位色标明显。

（2）隔离开关应设有防误闭锁，闸刀应上锁。

（3）充油海缆供油系统应按相位设有越限报警功能的监测装置。

（4）海缆防雷用避雷器引下搭头线和连接点无变动或发热现象；引下线无散股或断股，形状无变形；泄漏电流表刻度明显，标注最大允许值和告警标志。

（5）接地系统接触良好、牢固，无严重锈蚀现象，接地电阻的阻值必须符合要求。

（6）围墙外要有"高压危险，禁止入内"标志，大门应上锁。

（7）在暴雨、台风恶劣天气必须有防止终端房积水措施（必须有稳定可靠的排水系统）。

（8）门窗防小动物设施完整，房顶及墙壁无渗水，防火措施到位。

（9）终端房内设备必须按照规定周期进行综合检修。

4. 海缆防外力影响的监控管理

海缆防外力影响的监控管理应包括了望台人工了望值守，并宜使用视频监控和 AIS 监控报警系统。

5. 海缆保护联动机制

（1）海缆运行单位应建立与渔政、海事等单位的联动及应急响应机制，完善海缆突发事件处理预案。

（2）每年按需组织渔政、海事、政府相关部门会议，商讨海缆维护工作。

（3）组织相关海事部门、海洋渔业部门、公安部门、交通部门、当地政府、文化部门、当地媒体等相关单位，成立海缆运行维护协管组织，定期召开联络会议，就海缆维护工作流程进行沟通和交流。

6. 涉及海缆保护的海上施工作业对海缆的安全防护

（1）禁止在海缆保护区内从事挖砂、钻探、打桩、抛锚、拖锚、底拖捕捞、张网、养殖或者其他可能危害海缆安全的海上作业。

（2）海缆所有者在取得海洋行政主管部门批准后，可以在海中对海缆采取路由复测、潜海监测和其他保护措施，也可以委托有关单位从事保护工作。

（3）海缆所有者进行海缆的路由调查、铺设施工，对海缆进行维修、改造、拆除、废弃时，应当在媒体上向社会发布公告。

（4）海上作业者在从事海上作业前，应当了解作业海区海缆的铺设情况；海缆管理部门有权制止任何可能危害海缆安全运行的作业行为。

（5）确需进入海缆保护区内从事海上作业的，海上作业者应当与海缆所有者协商，就相关的技术处理、保护措施和损害赔偿等事项达成协议。

（6）如海上作业钩住海缆，海上作业者不得擅自将海缆拖起、拖断或者砍断，应当立即报告所在地海洋行政主管部门或者海缆所有者采取相应措施。必要时，海上作业者应当放弃船锚或者其他钩挂物。

（7）单位和个人造成海缆及附属保护设施损害的，应当依法承担赔偿责任。

（8）因不可抗力或者紧急避险，采取必要的防护措施仍未能避免造成损害的，可以依法减免赔偿责任。

（9）海上作业者有下列情形之一的，由海缆所有者通过当地海洋行政主管部门责令限期改正，停止海上作业，并按有关规定处理：

1）擅自在海缆保护区内从事法律法规禁止的海上作业。

2）故意损坏海缆及附属保护设施。

3）钩住海缆后擅自拖起、拖断、砍断海缆。

4）未采取有效防护措施而造成海缆及其附属保护设施损害。

7. 海缆登陆段防护

（1）应做好海缆登陆段防岸边礁石摩擦的措施，避免海缆登陆处磨损。

（2）岸边稳定时，应采用保护管或加保护盖板、沟槽敷设海缆等保护措施，必要时可设置工作井连接。其保护范围为：①管沟下端应为最低水位时船只搁浅处或下端为最低水位下不小于1m的深处；②上端高于最高水位。保护范围内的下端海缆应该固定。

（3）岸边未稳定时，宜采取迂回形式敷设以预留适当备用长度的海缆。

8. 海缆绝缘变质事故的预防

（1）海缆的终端不宜用无流动性的绝缘胶作填充用，防止垂直部分海缆干枯。

（2）发现海缆垂直部分的绝缘有干枯现象的，应改装能自动补油的终端；如不能改装时，按干枯的规律定期更换。

（3）海缆终端如有漏油，应擦净并加固密封。如有潮气，应予清除，并用同型号绝缘剂填充，还须监视另一侧高处海缆终端的绝缘干枯情况。

（4）为了预防漏油失压事故，充油海缆线路安装完成后，不论其是否投入运行，其油压示警系统必须同时投入运行。如油压示警系统因检修需要较长时间退出运行时，则必须加强对供油系统的监视。

9. 海缆腐蚀的预防

（1）海缆路由区段应远离存在较大海底腐蚀性物质的区域。

（2）根据海底生物情况采用防海洋生物蛀蚀护层。

（3）为减少海缆相间感应电流带来的单芯海缆腐蚀，应保持各相海缆的平行敷设。

（4）大长度海缆登陆端宜采用阴极保护电极。

10. 海缆导体连接点损坏的预防

（1）海缆导体的连接一般采用焊接或压接方式。

（2）重要海缆线路的户外引出线连接点需加强监视，一般可用红外线测温仪或红外成像仪测量温度。在检修时应检查各接触面的表面情况。

2.1.7　海底电力电缆巡视要求

海缆的巡视是为了掌握线路的运行状况，及时发现设备缺陷和沿线情况，并为线路维修提供资料。海缆运行人员必须掌握海缆各部件运行及沿线情况，及时发现设备缺陷和威胁海缆安全运行的各类状况。

海缆的巡视主要分为定期巡视，故障巡视，特殊巡视，夜间、交叉和诊断性巡视，监察巡视。

运维单位对其所管辖电缆及通道均应指定专人巡视，同时明确其巡视的范围、内容和安全责任，并做好电力设施保护工作。运维单位应结合电缆及通道所处环境、巡视检查历史记录以及状态评价结果编制巡视检查工作计划；应对巡视检查中发现的缺陷和隐患进行分析，及时安排处理并上报上级生产管理部门；且应将预留通道和通道的预留部分视作运行设备，使用和占用应履行审批手续。

运维单位应根据电缆及通道特点划分区域，结合状态评价和运行经验确定电缆及通道的巡视周期，同时应依据电缆及通道区段和时间段的变化及时对巡视周期进行必要的调整。

1. 定期巡视周期

对海缆相关设备的巡视要求如下：

（1）110（66）kV 及以上电压等级的缆通道外部及户外终端每半月巡视 1 次。

（2）35kV 及以下电压等级的海缆通道外部及户外终端每月巡视 1 次。

（3）发电厂、变电站内海缆通道外部及户外终端每 3 个月巡视 1 次。

（4）35kV 及以下电压等级的开关柜、分支箱、环网柜内的海缆终端结合计划停电巡视检查一次。

（5）单电源、重要电源、重要负荷、网间联络等电缆及通道的巡视周期不应超过半个月。

（6）海缆及通道巡视应结合状态评价结果，适当调整巡视周期。

2. 巡视主要内容及要求

（1）海缆警示标识的巡视。海缆警示标识应进行定期巡视，周期为每月 2 次。巡视人员应检查警示标识及附属设施有无损坏、丢失等情况。检查警告标识是否醒目，警告标识夜间是否发光、是否正常，了望是否清楚。海缆路由区域设有浮标警示标志的，应检查其是否完好。

（2）海缆防雷设施和接地系统的巡视。海缆的接地系统和防雷设施应进行定期巡视，周期为每月两次。高气温、高负荷时应加强对海缆的接地系统的测温，周期为每周 1 次，特殊情况可适当调整。海缆防雷设施和接地系统巡视内容主要如下：

1）检查线路避雷器及其计数器是否正常，检查并记录放电计数器的计数值，检查泄漏电流是否在正常运行允许范围。

2）检查接地系统接触是否良好、牢固，有无严重锈蚀现象，接地引下线电流是否正常。检查避雷器引下搭头线和连接点有无松动或发热现象，引下线有无散股或断股，形状有无变形。

3）检查避雷器套管是否完整，表面有无放电痕迹。

（3）海缆终端设备的巡视。海缆终端设备应进行定期巡视，周期为每月 2 次。海缆终端设备的巡视主要内容如下：

1）检查海缆终端有无损坏、渗水、漏油、积水、放电等情况。

2）检查海缆终端房内设备发热情况。

3）检查终端房内电气设备是否异常放电。

4）检查终端房周围是否有塑料薄膜等漂移垃圾。

5）检查终端房内清洁情况。

6）检查海缆终端有无损伤或锈蚀。

7）检查海缆终端密封性能是否良好。

8）检查海缆终端的接线端子、地线的连接是否牢固。

9）检查海缆终端的引线有无爬电痕迹，对地距离是否充足。

10）检查海缆终端绝缘套管的盐层。

（4）海缆登陆段的巡视。海缆登陆段应进行定期巡视，周期为每周 1 次。定期巡视一般安排在潮位最低时进行，登陆段有异常时，应增加巡视次数。海缆登陆段巡视的主要内容如下：

1）检查登陆段路由周围有无水流冲刷以及工程施工、水产养殖等可能危及海缆安全的情况。

2）检查登陆段海缆有无裸露、磨损等情况。

3）检查临近海岸海缆是否有潮水冲刷现象，海缆保护套管、盖板是否有露出水面或移位等情况。

4）检查海缆登陆段是否有新增海上排污口和倾倒物。

（5）海缆海中段的巡视。海缆海中部分必要时采用出海定期巡视。有条件的海缆运维管理单位，在非禁渔期应对海缆海中部分进行出海全线巡视，周期为每周 1 次；在禁渔期对海缆海中部分进行出海全线巡视的周期应为每 2 周 1 次。出海巡视海缆时，风力应小于 8 级，能见度应大于 100mm。海缆海中部分巡视的主要内容如下：

1）海缆保护区及附近是否有挖沙、钻探、打桩、张网、养殖、航道疏通活动和施工作业船只。

2）海缆保护区及附近是否有船只停泊、抛锚、拖锚情况。

3）海缆保护区内及附近海面是否有油面出现。

4）对海缆保护区外停泊的船舶应密切关注其是否会移锚进入保护区，密切关注海缆保护区内通航船只、施工船只情况并进行记录和上报。

（6）海缆监控设备的巡视。海缆监控设备应进行定期检查，周期为每月 1 次。海缆监控设备主要包含海缆了望台设备、海缆视频监视设备、海缆在线检测设备及监视、检测信号传输通道等。

（7）充油海缆油压巡视。充油海缆油压巡视主要内容如下：

1）检查充油海缆供油系统的标记是否正常、油道是否漏油。

2）检查海缆终端有无漏油异常现象、自容式充油海缆油压是否正常。

3）充油海缆的真空滤油装置应每月试运转 1 次，每次时间为 15min，并记录试运转情况，当滤油装置出现故障时应及时修复。

4）记录充油海缆油压巡视结果。

（8）海缆的命名标识的巡视。海缆的命名标识应进行定期巡视，周期为每月 2 次，海缆的命名标识巡视主要内容如下：

1）检查命名标识及其附属设施有无损坏、丢失等情况。

2）检查命名标识是否清晰、规范。

3）记录海缆的命名标识巡视结果。

（9）海缆危险点的预控和隐患排查。海缆运行单位应做好海缆危险点的预控工作，加强对海缆危险点的监管和巡视。在巡视的过程中，若发现缺陷，应按照海缆运行管理要求及时进行消缺，并做好消缺记录。

3.海底电缆巡视工具简介

（1）海缆了望台。为确保海缆安全，在海域内设立海缆了望台。该了望台主要配备了先进的 AIS 监控系统以及雷达扫描系统，对插旗岗海缆登陆点附近船只动向进行实时监控，及时发现对海缆安全运行可能构成威胁的船只，并进行跟踪监护。

当大量船只在这附近停泊时，了望台的工作人员会用雷达进行扫描，一旦发现有可疑船只就立即用高频呼叫给予警示。若系统突然发出报警，值班人员会立即启动相关预案，在系统上锁定报警船只，并根据信息向海事部门请求协助。

（2）海缆终端站巡检机器人。海缆终端站智能巡检机器人可连续工作 8h 以上，当电量较低时，自动报警并回到太阳能基站补给充电，实现白天巡检、夜间充电。

巡检机器人依托站内围墙导轨巡视终端站内设备，巡检机器人可根据预设程序自主执行巡检，实现对终端进行可见光拍摄、测温等功能，巡检图像、测量数据等信息可通过光纤实时回传至后台系统，从而对终端温度情况进行框选分析。

巡检机器人的安装使用可大大缩减人工巡视、带电检测时间，作业人员可远程对现场设备随时检测，提高了设备运维效率。海缆终端站巡检机器人如图 2-1 所示。

（3）无人机。随着无人机技术的快速发展，无人机在电力方面发挥着越来越重要的作用，其主要用于输电线路杆塔精细化巡检、输电线路通道巡查、应急抢险、输电线路通道三维建模、输电线路树障及三跨测量等。由于海缆具有传输距离长、线路走廊通道环境复杂多变的特点，且过去 4G 通信网络传输速率及带宽具有一定的局限性，无法解

图 2-1　海缆终端站巡检机器人

决巡检领域的一些难题。

受通信网络传输速度低、高延迟的影响，现有的无人机在巡检时均将采集的电力巡检数据储存在无人机的 TF 卡里，完成巡检后再导出进行人为处理，时效性、互动性、智能方面都存在不足。5G 通信网络具备大带宽、低时延、广连接的特性，5G＋无人机电力巡检可有效解决现有不足，提供针对性解决方案，在时效性、可靠性及互动、智慧等方面有很大的提升。推进电缆线路无人机协同智能巡检体系建设，利用无人机开展电缆通道隐患排查、海缆登陆点巡视、终端塔缺陷排查、偏远孤岛巡视、工程验收等工作，有效弥补了人工巡视作业精细化不足的问题，切实提高了巡检工作效率。

（4）带电检测设备。通过利用红外成像仪、钳形电流表、高频局部放电仪等设备分别开展高频次红外测温、接地电流检测、高频局部放电检测等带电检测工作，可有效掌握海缆终端、中间接头、接地缆及锚固等金属连接部位状态，为海缆状态针对性检修提供有效支撑数据。

（5）巡航船舶。为确保海缆保护区内违章施工、锚泊、鱼苗种植等威胁海缆安全的行为能得到及时发现、有效处置，需根据海缆保护区外部隐患热点图综合分析，在适当的位置安排巡航船舶驻守，确保所有海缆区域在其 30min 航行圈内。

在日常时间安排其对海缆保护区进行巡航，并通过船舶灯箱、高音喇叭等设备宣传海缆设施保护相关知识，提高过往船只海缆设施保护安全意识。根据潮水涨落情况针对性安排巡航船对海缆登陆点进行巡视，确保潮间带等日常人工难以巡查到的区段得到检查。当发现海缆保护区外部隐患时，及时通知巡航船前往隐患位置进行处置，可避免因船只、人员调度不及时错过海缆保护"黄金一小时"，导致海缆故障，造成巨大损失。

巡航船舶如图2-2所示。

图2-2　巡航船舶

2.2　海底电力电缆线路工程验收

海底电力电缆线路属于隐蔽工程，它的验收应贯穿在施工全过程中进行。认真做好海底电力电缆线路验收，不仅是保证海底电力电缆线路施工质量的重要环节，也是海底电力电缆网络安全可靠运行的有力保障。所以，在各电压等级海底电力电缆安装过程中，运行部门对其所管辖区域内新建设的海底电力电缆线路，必须严格按验收标准在施工现场进行全过程监控和投运前竣工验收。

2.2.1　海底电力电缆线路工程验收制度和方法

1. 海底电力电缆线路工程验收制度

海底电力电缆线路工程验收按自验收、预验收、过程验收、竣工验收四个阶段组织进行，每阶段验收必须填写验收记录单，并做好整改记录。

（1）自验收由施工部门自行组织进行，并填写验收记录单。自验收整改结束后，施工部门应向本单位质量管理部门提交工程验收申请。

（2）预验收由施工单位质量管理部门组织进行，并填写预验收记录单。预验收整改结束后，填写工程竣工报告，并向上级工程质量监督站提交工程验收申请。

（3）过程验收是指在海缆线路工程施工中对敷设、接头、土建项目的隐蔽工程进行中途验收。施工单位的质量管理部门、运行部门要根据施工情况列出检查项目，由验收人员根据验收标准在施工过程中逐项进行验收，并填交工程验收单，签名认可。

（4）竣工验收由施工单位的上级工程质量监督站组织进行，并填写工程竣工验收签证书，对工程质量予以等级评定。在验收中个别不完善项目必须限期整改，由施工单位质量管理部门负责复验并做好记录，工程竣工报告完成后一个月内需对施工单位进行工程资料验收。

2. 海底电力电缆线路工程验收方法

（1）验收的手续和顺序。施工部门在工程开工前应将施工设计书、工程进度计划交质检和运行部门，以便对工程进行过程验收。工程完工后，施工部门应书面通知质检、运行部门进行竣工验收。同时施工部门在大工程竣工一个月内将有关技术资料、文件、报表（含工井、排管、电缆沟、电缆桥等土建资料）一并移交运行部门整理归档。工程资料不齐全的工程，运行部门可不予接收。

（2）海缆线路工程验收应按分部工程逐项进行。

（3）验收报告的编写。验收报告的内容主要分工程概况说明、验收项目签证和验收综合评价三个方面。

1）工程概况说明。内容包括工程名称、起讫地点、工程开竣工日期以及电缆型号、长度、敷设方式、接头型号、数量、接地方式和工程设计、施工、检理、建设单位名称等。

2）验收项目签证。施工部门在工程验收前应根据实际施工情况编制好项目验收检查表，并将其作为验收评估的书面依据。验收部门可对照项目验收标准对施工项目逐项进行验收签证和评分。

3）验收综合评价。通过与验收标准的对照对工程质量作出评价。验收标准应根据有关国家标准和企业标准制定，验收部门应对过程验收和竣工验收中发现的情况与验收标准进行比较，得出对该工程施工的综合评价并对整个工程进行打分，成绩分为优、良、及格、不及格四种。

a. 优：所有验收项目均符合验收标准要求。

b. 良：所有主要验收项目均符合验收标准，个别次要验收项目未达到验收标准，不影响设备正常运行。

c. 及格：个别主要验收项目不合格，不影响设备安全运行。

d. 不及格：多数主要验收项目不符合验收标准，将会影响设备正常安全运行。

2.2.2 海底电力电缆线路工程验收内容

1. 资料验收

资料验收应包括施工许可资料、施工组织设计方案、施工资料和技术文件。资料验收时应做好下列资料的验收和归档：

（1）海缆路由、作业批准文件，包括建设规划许可证、海缆路由批复文件、施工许可证、海事、港务、海监、渔政等各类手续。

（2）施工组织设计方案，包括施工单位资质、施工作业人员资格、敷设船及施工机械、作业时间等。

（3）海缆登陆点、路由的协议文件。

（4）海缆敷设路径图及经纬度坐标位置、海域段和潮间带断面图，海缆与其他管线交叉点的坐标位置、处理方式图，图纸应为施工后实地测绘，不允许以设计图替代。

（5）海缆路由设计和实测数据、海缆保护区通告、航运通告、海域使用证、海缆登陆点设施等申报和批复资料。

（6）设计资料图纸、海缆清册、变更设计的证明文件和施工图。

（7）制造厂提供的产品说明书、出厂试验记录、合格证等技术文件以及监造记录。

（8）海缆线路的原始记录，包括海缆的型号、规格、实际敷设总长度及分段长度，海缆终端和接头的型式及安装日期，海缆终端和接头中填充的绝缘材料名称、型号、用量。

（9）施工记录，包含但不限于张力、入水角记录。

（10）交接试验报告及其他测试记录。

（11）验收消缺闭环清单。

2. 隐蔽工程验收

（1）在施工过程中，建设单位应委托监理进行隐蔽工程验收，检查工程的施工质量。发现不符合设计要求时，应及时处理并记录。

（2）海缆敷设前现场验收应符合下列规定：

1）陆上段电缆构筑物验收项目和要求应按 GB 50168《电气装置安装工程 电缆线路施工及验收规范》执行。

2）海缆路由海域段应全程扫海，作业时应有监理人员在场。

3）登陆端的警示、警戒牌宜设在易被过往船舶发现的岸线突出位置。

4）两侧登陆点附近的监控设施应按设计要求安装完成。

（3）海缆过缆过程中应进行外观检查，查看海缆外层有无损伤，端头封装是否良好，海缆装船、卷绕质量是否符合要求，并应检查海缆的绝缘电阻，必要时应进行耐压试验。

（4）施工前应进行设备检查，不符合要求的器材禁止在工程施工中使用。经过测试检验后的器材应做好记录。

（5）光纤复合海缆中光缆的测试试验项目，应按 GB/T 18480《海底光缆规范》执行。

（6）海缆海上隐蔽工程验收应包括但不限于以下内容：①敷设弯曲半径应符合设计要求，严禁打扭；②敷设位置及偏差、敷设余量、埋设深度应满足设计要求；③监测、记录海底电缆受力等状态应正常；④监视电缆敷埋设机在水下的工作状态应正常。

（7）测量海缆接地体的接地电阻应满足设计要求。

3. 竣工验收

（1）竣工验收应具备下列条件：

1）海缆敷设、海缆附属设备和附属设施全部安装完成。

2）申报资料详细、批复手续齐全。

3）海缆已具备合法运行条件。

（2）应检查设计要求的工程量，确保工程质量满足设计要求，验收资料完备。

（3）验收组织单位应组织成立竣工验收小组，并应结合潮汐等水文条件制定详细的验收方案。

（4）必要时，可由第三方对海缆的敷设轨迹、埋深、海底敷设状况、扭曲、缆间距、保护措施、与其他管线交叉情况、标识等进行复测。对于重复或复杂的海缆区段，宜同时采用潜水员探摸或水下机器人调查。

（5）海缆附件制作完成后应按照 GB 50150《电气装置安装工程　电气设备交接试验标准》或技术协议完成交接试验。

（6）海缆终端、接头及充油海缆的供油系统应固定牢靠，海缆线端子与所连接的设备端子应接触良好，互联接地箱和交叉互联箱的连接点应接触良好可靠，充有绝缘剂的海缆终端、接头及充油电缆的供油系统应无渗漏现象，充油海缆的油压、表计整定值及供油系统油流曲线应符合要求。

（7）电缆沟内应无杂物，盖板齐全，近岸段防冲刷、照明、排水等设施应符合设计要求，盖板式电缆沟的入海侧盖板应具备抵御海浪冲击的措施。海缆线路两岸、禁锚区内的标识和夜间照明装置应符合设计要求。

（8）若出现海缆登陆点穿越海塘、海堤的情况，验收时应检查穿越段所采取的护坡、护堤措施是否符合设计要求。

（9）海缆线路接地点与接地极接触良好，接地电阻的阻值应符合设计要求。海缆终端的相色应正确，海缆支架等的金属部件防腐层应完好。海缆管口应依据设计要求采取防火、防水措施实施封堵。

2.3 海底电力电缆的技术资料管理

海底电力电缆绝大部分是隐蔽工程，设计使用寿命都大于 30 年。特别是在城市，当它与市政建设和地下各种管线发生敷设矛盾时，需要以电海底电力电缆的档案资料为依据开展工作，以保证海底电力电缆的安全运行，因此必须对海底电力电缆的运行、试验、检修等各种资料的建立以及海底电力电缆装置的变动修改记录等进行技术管理。

海底电力电缆投入运行后，所建立的海底电力电缆线路技术资料有预防性试验报告、海底电力电缆故障修理、巡视缺陷记录等。通过对保存的海底电力电缆运行资料进行分析，不仅可总结各条海底电力电缆网络薄弱环节之所在，而且还可比较海底电力电缆的运行管理水平是否有所提高。因此，建立海底电力电缆技术资料是海底电力电缆运行维护的重要工作之一。

2.3.1 海底电力电缆线路技术资料种类

海底电力电缆线路的技术资料通常包括原始资料、施工资料和运行资料，此外还有共同性资料等，这些资料是寻找电缆故障、检修电缆等工作的重要依据。

1. 原始资料

海缆线路施工前的有关文件和图纸资料称为原始资料，它是保证电缆线路质量和合法化的依据。原始资料包括地区海缆线路地理平面图，海缆线路系统接线图，海缆沿线敷设图、剖面图、特殊结构图，海缆接头和终端设计装配总图（配有详细注明材料的分件图），各种型式海缆截面图，海缆线路设备一览表（名称、编号、线路准确长度、截面积、电压、型号、起止点、线路参数、中间接头及终端的型号、编号、投运日期、实际允许载流量等）。

2. 施工资料

敷设电缆线路和安装电缆接头或电缆终端的现场书面记录和图纸称为电缆线路施工资料，它是日后电缆线路运行中的必要依据。施工资料包括电缆网络总平面布置图，电缆线路施工资料图，电缆网络系统接线图，电缆截面图，电缆接头和终端装配图、安装工艺、施工日期、安装人员姓名和竣工试验记录，油压系统分布图和示警信号线路图，竣工试验报告等。电缆线路属于隐蔽工程，其能否安全运行很大程度上取决于施工质量，因此要求详细记录有关安装电缆线路的技术资料。例如电缆线路发生故障，需要找到精准的故障部位，除了依靠测试仪器外，还需要找到路径竣工图，这样才能事半功倍地迅速排除故障。

3. 运行资料

运行资料应有预防性试验报告、电缆巡视检查记录、电缆缺陷记录、电缆故障修复记录、电缆负荷和温度检测记录、电缆线路环境土质检测记录、电缆变动记录、电缆保护设备及接地装置检测记录、各种故障报告等。运行资料是电缆投入运行后，运行维护工作的书面记录，其不仅总结了电缆网络薄弱环节的所在，而且还可以确认电缆运行管理水平是否有所提高。

4. 共同性资料

电缆线路总图、电缆系统接线图、电缆线路竣工图、电缆交叉跨越断面图、典型电缆杆塔安装图、电缆接头和终端的装配图以及各种土建工程的结构图（如排管、人井、隧道）等称为电缆线路的共同性资料。

随着海缆的广泛使用，海缆线路安装数量不断增加，电缆的各种资料也越来越多，且海缆由于没有办法直接查看其地理位置等特殊原因，原有的人工资料已经不能适用大量的运行和检修需要，逐渐暴露出一些问题，如资料查询烦琐、修改时间慢、容易遗失、保管资料需要占用较多地方等，因此人们利用计算机来管理电缆资料，如 GIS。GIS 的核心是一张电子的地形图，并在地形上绘制出所有的电缆位置。

GIS 主要功能如下：

（1）系统内数据库已输入运行电缆的所有资料信息，包括电缆线路名称、起始地点、制造厂家、安装日期、线路总长度、埋设深度、接头信息、电缆参数（如电压等级、型号、截面积、长度等）、故障处理信息（如故障日期、地点、性质、处理方法等），然后根据测绘部门提供的电子地图，将电缆竣工图纸上的电缆资料绘制到 GIS 总图上，其图形信息与电缆资料信息——对应。

（2）具有多功能的菜单信息，包括路面信息、直埋电缆信息、工井排管内信息、变电信息、杆上变压器及分支箱内电缆信息等，可提供用户选择、变更、查询、统计、打印输出等功能。

（3）具有多种选择的显示功能，如能根据线路名称显示其线路走向及有关信息等。

2.3.2 技术资料管理的主要内容

（1）敷设位置平面。海缆必须有详细的敷设位置平面，比例尺寸一般为 1：500，地下管线密集地段为 1：100，管线稀少地段为 1：1000。平行敷设的海缆，尽可能合用一张图纸，但必须标明每条线路的相对位置，并标明地下敷设线路剖面图和与其他管线交叉跨越的剖面图。

（2）电缆剖面图。不同电压、不同装置的海缆有不同的制造结构，即使同一电压，相同装置的海缆由于制造厂不同，其结构也不尽相同。因此，对新敷设的海缆要锯一段短样并实测海缆各部件的精确尺寸，绘制成 1：1 的电缆剖面图。电缆剖面图不但可作为所敷设的海缆以及日后需要了解的资料，还可作为各种参数（包括电缆载流量等）计算的原始依据。

（3）有油压的海缆应有供油系统压力分布图和油压整定值等资料，并有示警信号接线图。

（4）沿电缆线路如有特殊结构，应备有特殊结构的图样。

（5）海缆的接头和终端的安装及检修都应具有相应的工艺标准和设计装配总图，总图必须配有详细注明材料的分件图。

（6）海缆附件结构图是指电缆敷设后所安装的接头或终端的装配图，各类电缆附件的结构图及安装工艺均应作为技术资料存档保管。

（7）海缆必须有运行记录，事故日期地点、原因以及变动原有装置的记录。

（8）海缆发生事故或预防性试验击穿等，都必须做好调查记录，详细记录部位、原因、检修过程等，并据此制定反事故措施计划。调查记录应逐年归入各条线路的运行档案。对原因不明的事故或击穿，应积累后列课题集中研究。

（9）海缆专档是指与敷设电缆线路有关的一切资料和文件，如途径的许可协议书、电缆的出厂合格证、原始的现场填报记录、竣工试验报告、定期维修报表和发生事故后的详细修缮记录。

（10）海缆有任何变动或修改或者与电缆线路接近或交叉的管路设施有变动，都应及时更正相应的技术资料，以保持资料的正确性。

（11）电缆网络的运行部门应备有该部门所属的全部电缆线路的地形总图，比例尺一般为 1∶5000，主要标明线路名称和相对位置，还应建立电缆网络的系统接线图和电缆线路路径的协议文件。

（12）海缆必须建立原始资料、施工资料、运行资料和共同性资料。

特别要指出，海缆技术资料是海缆运行的档案，施工部门在海缆竣工投入运行前，应将所有涉及的海缆施工、竣工资料等填写完整，并移交给运行管理部门，经审核后由运行部门将其中重要的技术资料移交档案部门归档保存，以备查阅。另外，海缆在投入运行后，运行管理部门应将涉及海缆运行的有关技术资料做好系统、长期的积累，并进行认真的整理和保存，以便作为将来进行海底电缆运行、检修工作的正确依据。只有海缆确实已报废，才可将海缆档案资料进行处理，但也要做好相关的处理记录，并注明海缆拆除日期。

2.4　海底电力电缆评级及缺陷管理

2.4.1　海底电力电缆的评级

海底电力电缆的评级管理是设备安全大检查的一个重要环节。设备评级既能反映设备的技术状况，又有利于加强设备的维修和改进，并能实现及时消除缺陷，对提高设备可靠运行具有十分重要的意义。设备评级主要是指根据运行和检修中发现的缺陷，并结合预防性试验结果进行综合分析，确定对安全运行的影响程度，并考虑绝缘水平、技术管理情况及安全管理情况来核定设备。海缆设备评级分为一级电缆设备、二级电缆设备和三级电缆设备三类。

1. 一级电缆设备

一级电缆设备是指经过运行考验技术状况良好，在满负荷下能保证安全供电的设备。其评级标准参考如下：

（1）规格能满足实际运行需要，无过热现象。

（2）无机械损伤，接地正确可靠。

（3）绝缘良好，各项试验符合规程要求。

（4）电缆头无漏油、漏胶现象，瓷套管完整无损伤。

（5）电缆的固定和支架完好。

（6）电缆的敷设途径及中间接头等位置有标志。

（7）电缆头分相颜色和铭牌正确清楚。

（8）技术资料完整正确。

（9）装有油压监视和外护层绝缘监视的电缆，要动作正确、绝缘良好

2. 二级电缆设备

二级电缆设备是指基本完好的设备，能经常保证安全供电，但个别元件有一般缺陷，评级仅能达到一类设备评级标准的（1）～（4）者。

3. 三级电缆设备

三级电缆设备是指有重大缺陷、不能保证安全供电的设备，绝缘介质严重泄漏，外观有损伤或其他缺陷，评级达不到二级电缆设备者。

电缆设备的评级应每季度进行一次，完好设备与参加评级设备总数之比的百分数称为设备的完好率。每个电缆设备的评级应按电缆设备单元来进行，每一单元设备的等级一般应按单元中完好性最低的元件来确定。一般可将电缆、电缆架构、电缆保护设备、电缆接地引下线等划归为一个单元。

2.4.2 电缆绝缘的评级

从方便电缆线路的运行管理考虑，运行中的每一根电缆都必须建立绝缘监督资料档案，它也是技术部门进行绝缘评级一个重要依据和内容。电缆线路的故障多数是由于绝缘被击穿而引起的，因此加强对电缆绝缘的监视就特别重要。

对电缆绝缘评级是全面评定电缆绝缘水平的一项重要工作，主要根据预防性试验的结果和运行中是否发生故障而定，电缆绝缘评级大体可以分为一级绝缘、二级绝缘、三级绝缘。

1. 一级绝缘

（1）试验项目齐全，结果合格，并与历次试验结果比较无明显差异。

（2）运行和检修中未发现绝缘缺陷或绝缘缺陷已消除。

2. 二级绝缘

（1）主要试验项目齐全，但有某些项目处于缩短检测周期阶段。

（2）一个及以上次要泄漏试验项目结果不合格。

（3）运行和检修中发现暂不影响安全的缺陷。

3. 三级绝缘

（1）一个及以上主要泄漏试验项目结果不合格。

（2）预防性试验超过规定的期限。

（3）耐压试验因故障低于试验标准，但规程中规定允许的除外。

（4）运行和检修中发现威胁安全运行的绝缘缺陷。

三级绝缘表示绝缘存在严重缺陷，威胁安全运行，应限期予以消除。

2.4.3　海底电力电缆评级状态分类

海底电力电缆评级状态量主要包括其原始资料、运行资料、设备检修资料、其他资料。海底电力电缆评级所需材料见表 2 - 5。

表 2 - 5　　　　　　　　　　　海底电力电缆评级所需材料

序号	状态资料	内容
1	原始资料	铭牌参数、型式试验报告、订货技术协议、设备检造报告、出厂试验报告、运输安装记录、交接试验报告、交接验收资料
2	运行资料	设备运行工况记录信息、历年缺陷及异常记录、巡检记录、带电检测、在线检测记录等
3	设备检修资料	检修报告、试验报告、设备技改及主要部件更换情况等
4	其他资料	同型（同类）设备的异常、缺陷和故障的情况、设备运行环境变化、相关反措执行情况、其他影响海缆线路安全稳定运行的因素等

根据上述状态量对海缆线路安全运行的影响程度，可从轻到重分为四个等级，对应的权重分别为权重 1、权重 2、权重 3、权重 4，其系数分别为 1、2、3、4。权重 1、权重 2 与一般状态量对应，权重 3、权重 4 与重要状态量对应。

状态量劣化程度用来形容设备的劣化程度，从轻到重分别为 Ⅰ、Ⅱ、Ⅲ和Ⅳ级，其对应的基本扣分值为 2、4、8、10 分。

状态量扣分值由状态量劣化程度和权重共同决定，即状态量应扣分值等于该状态量的基本扣分值乘以权重系数，状态量正常时不扣分。海缆状态量评价表见表 2 - 6。

表 2-6   海缆状态量评价表

状态量劣化程度	基本扣分	权重系数			
		1	2	3	4
Ⅰ	2	2	4	6	8
Ⅱ	4	4	8	12	16
Ⅲ	8	8	16	24	32
Ⅳ	10	10	20	30	40

1. 海缆线路状态评价

海缆线路状态评价以部件和整体进行评价。当海缆线路的所有部件评价为正常状态，则该条线路状态评价为正常状态。当海缆任一部件状态评价为注意状态、异常状态或严重状态时，海缆线路状态评价为其中最严重的状态。

海缆线路状态量的权重及评价标准见表 2-7。

表 2-7   海缆线路状态量的权重及评价标准

序号	状态量		劣化程度	基本扣分	判断依据	权重系数
	分类	状态量名称				
1	家族缺陷	同厂、同型、同期设备的故障信息	Ⅱ	4	一般缺陷未整改的	2
			Ⅳ	10	严重缺陷未整改的	
2	运行巡检	潮间带位移、裸露、磨损	Ⅱ	4	海缆轻度位移、裸露磨损	3
			Ⅲ	8	海缆中度位移、裸露磨损	
			Ⅳ	10	海缆重度位移、裸露磨损	
		海缆投运时间	Ⅱ	4	运行时间超过使用寿命	2
		海缆过负荷运行	Ⅱ	4	负荷超过海缆额定负荷	2
		本体变形	Ⅲ	8	海缆本体遭受外力出现明显变形	3
3	试验	主绝缘电阻	Ⅳ	10	在排除测量仪器和天气因素后，主绝缘电阻的阻值与上次测量相比明显下降	2
			Ⅲ	8	各相之间主绝缘电阻的阻值不平衡系数大于 2	
		主绝缘直流耐压试验	Ⅳ	10	耐压试验的额定电压采用 $U_0=290\text{kV}$，即耐压试验电压为 $U_T=1.7U_0=493\text{kV}$，时间为 5min。局部放电试验电压选取 $0.5U_0$	4
		护套及内衬层绝缘电阻测试	Ⅰ	2	绝缘电阻与海缆长度乘积小于 0.5（0.1～0.5MΩ/km），海缆外护套绝缘电阻明显下降	2
			Ⅱ	4	每千米的绝缘电阻为 0.1MΩ/km 以下	
		海缆线路负荷过载	Ⅱ	4	海缆因运行方式改变，短时间（不超过 3h）超额定负荷运行	4
			Ⅲ	8	海缆长期（超过 3h）超额定负荷运行	
4	其他		Ⅰ	2		

2. 混合线路评价

混合线路指由架空线路和电力电缆共同组成的线路，因此应将混合线路设备分别归为架空线路和电力电缆两部分进行评价，设备最终状态由评价结果较差者确定。

设备评价状态按扣分的大小分为正常状态、注意状态、异常状态和严重状态。混合线路的海缆线路评价标准见表 2-8。

当任一状态量的单项扣分和合计扣分同时达到表 2-8 规定时，视为正常状态；当任一状态量的单项扣分或合计扣分达到表 2-8 规定时，视为注意状态；当任一状态量的单项扣分达到表 2-8 规定时，视为异常状态或严重状态。

表 2-8　　　　　　　　　　混合线路的海缆线路评价标准

部件＼评价标准	正常状态		注意状态		异常状态	严重状态
	合计扣分	单项扣分	合计扣分	单项扣分	单项扣分	单项扣分
海缆本体	≤30	<12	>30	12～16	20～24	≥30
线路通道	≤30	<12	>30	12～16	20～24	≥30
线路终端	≤30	<12	>30	12～16	20～24	≥30
附属设施	≤30	<12	>30	12～16	20～24	≥30

3. 海缆线路通道状态量评价

海缆线路通道状态量评价标准见表 2-9。

表 2-9　　　　　　　　　　海缆线路通道状态量评价标准

序号	状态量 分类	状态量名称	劣化程度	基本扣分	判断依据	权重系数
1	通道	海缆警示标志	Ⅰ	2	每侧海缆登陆点 1 处不亮	1
			Ⅱ	4	每侧海缆登陆点 2 处不亮	
			Ⅲ	8	每侧海缆登陆点 3 处不亮	
		海缆登陆点保护设施	Ⅰ	2	被海水轻度冲刷	2
			Ⅱ	4	被海水中度冲刷	
			Ⅲ	8	被海水重度冲刷	
		敷设海缆与其他管线距离	Ⅱ	4	海缆线路与煤气（天然气）管道、自来水（污水）管道、热力管道、输油管道不满足规程要求即扣除全部分数	2
		海缆线路保护区内构筑物	Ⅰ	2	不满足规程要求	2
2	试验	海缆工井、隧道、海缆沟接地网接地电阻异常	Ⅱ	4	存在接地不良（接地电阻大于1Ω）现象	2
3		其他	Ⅰ	2		

4. 海缆终端状态量评价

海缆终端状态量评价标准见表 2-10。

表 2-10　　　　　　　　　　海缆终端状态量评价标准

序号	状态量		劣化程度	基本扣分	判断依据	权重系数
	分类	状态量名称				
1	家族缺陷	同厂、同型、同期设备的故障信息	Ⅲ	8	严重缺陷未整改的	2
			Ⅳ	10	危急缺陷未整改的	
2	运行巡检	终端固定部件外观	Ⅰ	2	固定件松动、锈蚀、支撑绝缘子外套开裂	1
			Ⅱ	4	具有劣化程度Ⅰ的情况且未采取整改措施；底座倾斜	
		外绝缘	Ⅱ	4	外绝缘爬距不满足要求，但采取措施	2
			Ⅳ	10	外绝缘爬距不满足要求，且未采取措施	
		终端套管外绝缘	Ⅲ	8	存有破损、裂纹	2
			Ⅳ	10	存在明显放电痕迹、异味和异常响声	
		套管密封	Ⅱ	4	存在渗油现象	3
			Ⅲ	8	存在严重渗油或漏油现象，终端尾管下方存在大片油迹	
		终端瓷套脏污情况	Ⅳ	10	瓷套表面轻微积污，盐密和灰密达到最高运行电压下能够耐受盐密和灰密值的 20%～30%	2
			Ⅱ	4	瓷套表面中度积污，盐密和灰密达到最高运行电压下能够耐受盐密和灰密值的 30%～50%	
			Ⅰ	2	瓷套表面积污严重，盐密和灰密达到最高运行电压下能够耐受盐密和灰密值的 50% 以上	
		海缆终端外观	Ⅰ	2	存在破损情况（破损长度 10mm 以下）；或存在龟裂现象（长度 10mm 以下）	2
			Ⅱ	4	存在破损情况（破损长度 10mm 以上）；或存在龟裂现象（长度 10mm 以上）	
			Ⅲ	8	存在破损情况（贯穿性破损）；或存在龟裂现象（贯穿性龟裂）	
3	试验	海缆终端与金属部件连接部位红外测温	Ⅰ	2	温差不超过 15K，未达到严重缺陷要求	3
			Ⅱ	4	热点温度大于 80℃ 或 δ≥80%	
		局部放电检测（高频、超声）	Ⅰ	2	有轻微放电信号，但不严重	3
			Ⅱ	4	有明显放电信号，且能听到放电声	
		外护层接地电流	Ⅰ	2	接地电流略大于 150A，且三相接地电流均满足小于负荷的 20%。单相接地电流最大值与最小值的比值小于 3	3
			Ⅱ	4	一相或三相接地电流均大于 150A，或者一相或三相接地电流超过负荷的 20%，或者单相接地电流最大值与最小值的比值小于 3	3
4	其他		Ⅰ	2	—	—

注　δ—相对温差，指两个对应测点之间的温差与其中较热点的温升之比的百分数。

5. 海缆附属设施状态量评价

海缆附属设施状态量评价标准见表 2-11。

表 2-11　　　　　　　　　　　　海缆附属设施状态量评价标准

序号	状态量		劣化程度	基本扣分	判断依据	权重系数
	分类	状态量名称				
1	运行巡检	海缆终端支架外观	Ⅰ	2	存在锈蚀、破损情况	1
		海缆终端支架接地性能	Ⅰ	2	存在接地不良（接地电阻大于2Ω）现象	1
		抱箍外观	Ⅰ	2	存在螺栓脱落、缺失、锈蚀情况	1
		接地箱外观	Ⅰ	2	存在箱体损坏、保护罩损坏、基础损坏情况	1
		避雷器外观	Ⅰ	2	避雷器外观连接法兰、连接螺栓存在轻微锈蚀或油漆轻微脱落现象	1
			Ⅰ	2	避雷器外观连接法兰、连接螺栓存在中度锈蚀或油漆中度脱落现象	
			Ⅰ	2	避雷器外观连接法兰、连接螺栓存在严重锈蚀或油漆重度脱落现象	
		避雷器与金属部件连接部位红外测温	Ⅰ	2	温差不超过15K，未达到严重缺陷要求	2
			Ⅰ	2	热点温度大于80℃或δ≥80%	
		主接地引线接地状态	Ⅲ	8	存在接地不良（接地电阻大于1Ω）现象	2
		主接地引线破损	Ⅰ	2	存在破损现象，接地线外护套破损	1
			Ⅱ	4	接地海缆受损股数占全部股数小于20%	
			Ⅲ	8	受损股数占全部股数不小于20%	
		防火措施	Ⅰ	2	防火槽盒、防火涂料、防火阻燃带存在脱落	1
		标识牌	Ⅰ	2	海缆线路铭牌、线路极性指示牌、路径指示牌、接地箱铭牌、警示牌标识不清或错误	2
		在线检测设备	Ⅰ	2	出现功能异常现象	2
		接地类设备遗失	Ⅱ	4	接地箱、接地扁铁丢失	2
2	其他		Ⅰ	2	—	—

注　δ—相对温差，指两个对应测点之间的温差与其中较热点的温升之比的百分数。

2.4.4　海底电力电缆的缺陷管理

1. 海缆缺陷的概念

电缆线路在运行中的电气设备发生异常时，虽然能继续使用，但是会影响安全运行，故称为缺陷。做好缺陷管理是保证线路安全运行的重要保证。

海缆线路的设备管理是指通过一系列技术、组织、经济措施，对设备实行的全过程管理。它涉及内容广泛，如设备的选用、运输与保管、安装与调试、运行与维护、改造、更新等一系列工作。

缺陷管理是海缆线路日常管理的重要工作内容，运维单位应建立完善的全过程闭环管理体系。缺陷管理工作包括缺陷的记录、统计、分析、处理（检修）、验收、上报等。

2. 海缆缺陷类型和判定

（1）海缆缺陷类型。海缆缺陷按其严重程度和性质分为危急缺陷、严重缺陷和一般缺陷三大类。

1）一般缺陷是指对海缆设备安全运行影响不大，可酌情进行消除的不需停电的缺陷。

2）重大缺陷是指海缆设备仍可在短时间继续运行，但应在适当时间内消除，消除前还须加强运行监视的缺陷。

3）危急缺陷是指严重程度已使海缆设备不能继续安全运行，随时可能造成事故，必须尽快消除或采取必要的安全措施进行处理的缺陷。

（2）海缆缺陷判定。海缆线路存在下列情况之一者即认为海缆线路存在缺陷：

1）不符合《海底电力电缆输电工程施工及验收规范》《海底电力电缆运行规程》的规定，达不到规范要求。

2）未按期进行检修和试验。

3）标志、编号不全或不清。

4）图纸资料不全。

5）其他对海缆安全运行造成影响的情况。

海缆巡视人员、海缆运行值班人员及用户发现海缆线路存在缺陷，应及时通报海缆管理部门；海缆管理部门应及时记录海缆线路缺陷，并安排消缺。海缆管理部门接到海缆线路缺陷通知后，应认真分析缺陷的性质，确定缺陷类型。

3. 缺陷处理

一般缺陷：安排在日常消缺计划中处理。

重大缺陷：安排在周生产计划中安排处理。

危急缺陷：发生危急缺陷后应立即组织相关部门进行缺陷分析，需停电消缺的立即进行协调，不需停电的立即组织实施消缺。

缺陷管理是海缆线路日常运行管理工作的重要内容，运行维护单位应建立、完善海缆缺陷闭环管理体系。运维单位应制定缺陷管理流程，对缺陷的上报、定性、处理和验收等环节实行闭环管理，且应根据对运行安全的影响程度和处理方式将缺陷进行分类并记入生产管理系统。危急缺陷消除时间不得超过 24h，严重缺陷应在 30 天内消除，一般缺陷可结合检修计划尽早消除，但应处于可控状态。电缆及通道带缺陷运行期间，运维单位应加强巡视，必要时制定相应应急措施。运维单位应定期开展缺陷统计分析工作，及时掌握缺陷消除情况和缺陷产生的原因，采取有针对性措施。运维单位应定期开展隐患的统计、分析和报送工作，及时掌握隐患消除情况和产生原因，采取针对性措施。

2.5 海底电力电缆故障管理

2.5.1 海底电力电缆故障分析

1. 海缆故障的主要成因

海缆故障的主要成因是人类活动引起的外力破坏，同时还受到运行年限上升后电缆本体绝缘树枝老化、电热老化以及附件材料老化加剧等原因的影响。其故障原因可大致归纳为：①外力损伤；②绝缘老化变质；③长期过热；④护层腐蚀；⑤绝缘受潮；⑥过电压；⑦材料缺陷；⑧设计和制作工艺的问题。

2. 海缆的常见故障类型

海缆的常见故障有漏油、接地、短路、断线、外力磨损、制造工艺不良等。

通过对舟山地区 2011—2019 年 35～500kV 海缆故障统计发现，此期间共跳闸 26 条次，平均 1 年跳闸 2.8 次，其中礁石磨损 8 条次，占比 31%；锚损 7 条次，占比 27%；本体制造工艺 3 条次，占比 12%；螺旋桨外破 2 条次，占比 7%；异物穿刺 2 条次，占比 7%；施工外破 1 条次，占比 4%；接头故障 1 条次，占比 4%；本体击穿 1 条次，占比 4%；待查 1 条次，占比 4%。海缆线路故障分析柱状图、饼状图分别如图 2-3、图 2-4 所示。

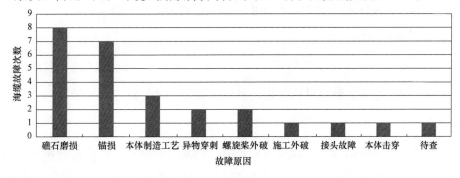

图 2-3 海缆线路故障分析柱状图

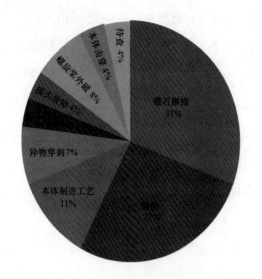

图 2-4 海缆线路故障分析饼状图

3. 海缆故障点的确定和处理

故障点在海缆上的位置确认一般由检测仪测量后得出，它反映的是故障点距海缆端头的长度，由于海缆敷设时存在余量、偏移轴线量等问题，不能简单地认为故障点位置就是敷设路由登陆点的位置，需要查阅和对照该海缆施工时所记录的参数来确定故障点的水面位置。

海缆海中部分的打捞分为：

（1）浅水段故障点的打捞。在水深小于 5m，流速小于 0.5m/s 和距岸 1km 以内的故障点打捞方法主要有水面搜寻法、就地打捞法等。

（2）中间水域海缆故障点的打捞。可以采用就地打捞法、锚勾法、回收打捞法等。

4. 海缆故障恢复后的试验

清除海缆故障部分后，必须进行海缆绝缘的潮气试验和绝缘电阻试验。检验潮气用油的温度为 150℃。对于油绝缘海缆，不能以半导体纸有无气泡来判断海缆绝缘的潮气，而应以绝缘纸有无水分作为判据。

2.5.2 海底电力电缆故障提升措施

1. 针对礁石磨损问题

礁石磨损占海缆故障的 34%，是造成海缆绝缘故障的主要原因。

该故障的解决措施有：

（1）路由设计阶段必须就地质情况多点钻探，避开不良地质区域。发展部、建设部、经研所在路由报告、地质勘测报告、可研、初设、施工图等设计阶段须聘请专家加强图纸审查力度。

（2）对于无法避开的基岩不良地质，新建工程必须在基岩上开槽，并采取加装防磨损套管、加装保护盖板等保护措施。对于已运行海缆，根据海缆的重要性，分阶段实施加装保护盖板，确保海缆在海床不移动磨损，定期开展危险地质海域扫海，建议借鉴南网海缆路由每年进行扫测经验，对海缆分阶段进行扫测，对于深度不满足要求的，落实资金进行保护。

（3）对于海缆登陆点裸露部分海缆，必须争取大修资金予以整改固定保护。

2. 针对锚损、螺旋桨等外力破坏问题

锚损、螺旋桨外力损坏共占海缆故障的 34%，其中锚损因船舶 AIS 关闭海缆监控平台未报警共计 4 次、海缆监控平台报警但船舶强行起锚 3 次。水深不足 4m 的区域有 10 处，主要集中在登陆点附近海域，船舶因搁浅导致螺旋桨损坏海缆 2 起（均发生在 2019 年）。

该故障的解决措施有：

（1）对于新建工程，建议雷达、视频监控等设施须作为典型设计标配；海缆设计施工埋深必须符合涉海部门文件要求、国家行业设计标准要求，对于登陆点附近 2km 左右浅埋区域、水深不足容易造成船只搁浅的水域、主航道等关键区域必须采取禁航、加装套管、保护盖板等保护措施。业主、监理等单位需严格质量验收。竣工验收阶段建议增加扫海测量环节，费用在基建列支。

（2）对于运行海缆，早期建设的 35kV 及 110kV 海缆线路及往年故障修复后的直抛敷设海缆，建议加装水泥连锁盖板，可有效防止锚勾到海缆。

（3）对于设备监控问题，由于船舶 AIS 关闭，一体化监控平台无法监测船只锚泊情况。建议对易锚泊区域海缆加装雷达，实现雷达、AIS 监控、视频联动综合监控模式，进一步提升智能化监控水平。

（4）对于人、处置流程、管理机制等问题，选择一批责任心强、业务素质高的管控人员，淘汰老弱病值班人员。优化应急处置流程、细化考核目标，深化与海事、海警的沟通联络和应急处置机制，努力实现出警常态化。

3. 针对海缆本体、接头问题

在设备制造、工程建设和运行抢修阶段，严格执行设备监造全过程质量控制，严格履行中间接头制作旁站制度，严格核查资料和试验数据。

总之，海缆全寿命周期内本质安全提升需要两个阶段一起发力，基建阶段确保零缺陷移交生产；运维阶段需优化处置流程、创新政企合作模式，实现智能化管控。

在实际的海缆故障管理中常用表 2-12～表 2-14 对电缆故障的相关信息进行记录。

表 2 - 12   海缆故障处置信息查询记录表

海缆故障处置信息查询记录表

跳闸线路名称及相位	××kV××线路××相/极	查询人	××	查询时间	×年×月×日×时×分—×时×分
1	故障跳闸时间	×年×月×日×时×分×秒			
2	锚泊报警查询	查询时间	×月×日×时×分—×月×日×时×分	查询结果	××线海缆跳闸时刻前 24h 内共锚泊报警××次
3	一级预警查询	查询时间	×月×日×时×分—×月×日×时×分	查询结果	××线海缆跳闸时刻前 24h 内共一级预警××次
4	二级预警查询	查询时间	×月×日×时×分—×月×日×时×分	查询结果	××线海缆跳闸时刻前 24h 内共二级预警××次
5	视频监控查询	查询时间	×月×日×时×分—×月×日×时×分	查询结果	××线海缆跳闸时刻前 24h 内共发现海缆禁锚区内船只停泊××艘
6	雷达查询	查询时间	×月×日×时×分—×月×日×时×分	查询结果	××线海缆跳闸时刻前 24h 内共雷达报警××次
7	海事雷达查询	查询时间	×月×日×时×分—×月×日×时×分	查询结果	××线海缆跳闸时刻前 24h 内海事雷达报警××次
8	光电扰动查询	查询时间	×月×日×时×分—×月×日×时×分	查询结果	××线海缆跳闸时刻前 24h 内光电扰动报警××次，报警位置分别为××、××，对应应力分别为××、××
9	了望塔信息反馈	××时××处发现有××船停泊/××时—××时未发现有船在海缆附近停泊			
10	结论	经综合分析，××船（船长、船宽、MMIS 号码），轨迹、时间与跳闸时刻基本吻合，肇事嫌疑较大，已于××日××时××分向海事报案（详细描述该船处置经过）/经综合分析，线路跳闸时刻前 48h 内无可疑船			
11	AIS 船舶轨迹回放附图				
12	雷达回放附图				

表 2 - 13   海缆故障处置信息查询记录表

海缆故障测试记录表

线路名称及故障相			记录人	
故障跳闸时间				
1	填写事故紧急抢修单或工作票	已填写事故紧急抢修单/工作票		
2	开展安全措施、技术措施交底	工作负责人××已对工作班成员××、××进行安全、技术交底		
3	停电、验电、挂接地线	×日×时×分工作负责人××接工作许可人××电话通知××线两侧已处线路检修，×日×时×分对××塔已进行验电，×日×时×分××塔、××塔各挂一副接地线		
4	电缆解头	×日×时×分对××线××塔三相电缆终端进行解头		

续表

海缆故障测试记录表

线路名称及故障相				记录人		
故障跳闸时间						
5	绝缘电阻 （MΩ/GΩ）		测试时间	A 相	B 相	C 相
		抢修前				
		抢修后				
6	故障类型判定	低阻□　接地□　高阻□　断路□（对应□处打√）				
7	故障相测距	距测试端距离（m）		电缆全长（m）		
	测距					
8	总结	××线路经绝缘测试××相/极				
9	A 相绝缘测试（抢修前）			A 相绝缘测试（抢修后）		
	B 相绝缘测试（抢修前）			B 相绝缘测试（抢修后）		
	C 相绝缘测试（抢修前）			C 相绝缘测试（抢修后）		
	故障×相电缆测距（抢修前）					

表 2-14　　　　海缆故障处置信息查询记录表

海缆故障抢修记录表

	线路名称及相位				记录人		
1	故障跳闸时间						
2	海缆故障抢修时间						
3	故障类型及打捞后 故障原因确认	故障类型（低阻/接地/高阻/断路）			故障原因（锚损/桨损/磨损/接头等）		
4	打捞故障点位置定位	位置	距离×× 登陆点××km	经度		纬度	
5	故障点处开断后两侧绝缘测试结果（拍照）	小号侧（MΩ/GΩ）：			大号侧（MΩ/GΩ）：		
		附图			附图		
6	补充电缆及软接头参数	电缆		电缆截面积（mm²）	接头	接头	
		长度（m）			厂家	数量（根）	
7	接头位置定位	经度（小号侧）：			经度（大号侧）：		
		纬度（小号侧）：			纬度（大号侧）：		
8	接头位置距两端距离	小号侧接头距小号侧终端距离（m）			大号侧接头距大号侧终端距离（m）		

续表

海缆故障抢修记录表

线路名称及相位			记录人	
9	海缆耐压及同步局部放电试验结果	是否通过耐压	是否存在局部放电（若存在，标明局部放电量、类型）	
		耐压：××kV××时间，通过/未通过		
10	海缆投运时间及结果	复役		复役
		时间		结果

备注：
(1) 接头制作关键工艺要求拍照或留有影像资料存档；
(2) 电缆打捞上岸前后要求对 GPS 故障点位置定位并进行拍照或截屏，记录经纬度数据信息并存档；
(3) 海缆耐压试验数据记录及局部放电相位图谱、PRPD 图谱、三维图记录数据存档

2.6 海底电力电缆巡视典型案例

2.6.1 日常巡视案例

×年 7 月 3 日，电缆运检班组织人员对六横、虾峙区域海缆登陆点的电缆水泥覆盖等情况进行专题巡视，分两路巡视。

第一路：负责人：庄××，成员：张××、刘××、庄××、赵××××。

巡视点：栅棚 B××线双山村分支线海缆登陆点。

第二路：负责人：王××，成员：陆××、俞××、张××。

巡视点：郭围 B××线、五星 B××线佛渡海缆登陆点。

09：00 整装齐发。

09：42 到达栅棚 B××线双山村分支线海缆礁岙段。

09：50 登岛检查：海缆礁岙段水泥灌溉等情况良好。

10：25 到达栅棚 B××线双山村分支线海缆小双段。

10：30 登岛检查：海缆小山段水泥灌溉等情况良好。

与此同时，第二路六横所运检班郭围 B××线、五星 B××线两条佛渡海缆登陆点巡视工作也已完成。佛渡海缆（涨起港段）水泥灌溉等情况良好。

根据巡视要求，巡视期间和巡视结束进行巡视记录和日志填写工作。海缆日常巡视如图 2-5 所示，海缆值守日志见表 2-15。

(a) (b)

图 2-5 海缆日常巡视

(a) 日常巡视；(b) 海缆敷设情况

表 2-15　　　　　　　　　　　海 缆 值 守 日 志

值守地点：

日期：___年___月___日 农历：	星期：	天气：

当日值守巡视情况记录：

备注：

值守船只名称：

职守人员签名：

注　1. 本表由现场值守人员按自然日历每天填写，应如实记录现场实际巡视情况。

　　2. 当日巡视情况记录栏应如实填写值守船巡视起航时间及终止时间、巡视路线及地点，对发现的异常情况
应详细记录警戒区域的船舶名称及经纬度坐标，并拍照取证。

　　3. 备注栏填写现场发生的特殊情况。

　　4. 最下方两栏，分别填写值守船只名称及职守人员签名。

2.6.2 联合巡视案例

为确保马目至鱼山 220kV 海缆线路安全运行，更好地为舟山国际绿色石化基地服务，在舟山市领导的组织下，舟山电力将与渔业、海事、海警开展联合海上巡航，各部门巡航周期为一周，四周为一轮，以此类推。巡航期间各部门负责对海缆路由禁锚区违章锚泊的船只进行现场处置、对违章锚泊或外力破坏现场进行取证，同时开展海上电力设施保护宣传等。

1. 巡视准备

巡视过程中，首先准备巡视所需要的个人工器具清单，巡视个人装备及保障装备配置需求清单见表 2-16。

表 2-16 巡视个人装备及保障装备配置需求清单

序号	分类		单位	配置数量
1	个人装备	工作服	套	夏、冬装各 2 套/人
2		望远镜	个	1 个/人
3		照相机	个	1 个/人
4		巡线包	个	1 个/人
5		雨靴	双	1 双/人
6		雨衣	套	1 套/人
7		工作鞋	双	2 双/人
8		安全帽	顶	1 顶/人
9		个人急救包	个	1 个/人
10	保障装备	扳手（12寸）	把	1 把/人
11		钢丝钳（8寸）	把	1 把/人
12		手电筒	支	1 支/人
13		急救箱	个	1 个/人
14		测高测距仪	个	1 个/人
15		红外成像仪	台	1 台/组
16		无人机	台	1 台/组
17		工程车	辆	1 辆/组

2. 巡视现场记录

本次巡视活动主要是对海缆的路径通道、电缆终端、附属设施等进行巡视检测。海缆终端塔至登陆点的俯瞰图、海缆陆上端杆上终端示意图分别如图 2-6、图 2-7所示。

图 2-6　海缆终端塔至登陆点俯瞰图

图 2-7　海缆陆上端杆上终端示意图

3. 台账归档

针对本次巡视的海缆线路，建立属于海缆的专属台账资料，台账资料包含但不限于以下内容：

（1）海缆路由信息、相关隐蔽工程的照片、验收缺陷、整改情况等信息。

（2）周期性巡视的照片，巡视、检测的数据及其分析报告。

（3）历次检修情况、抢修情况、新增抢修接头的位置型号以及附件制作过程中的关键工艺照片等信息。

巡视过程中认真填写海底电缆线路正常巡视现场作业程序卡，海底电缆正常巡视现场作业程序卡、海底电缆正常巡视现场作业卡分别如图 2-8、图 2-9 所示。

海底电缆正常巡视现场作业程序卡

巡视地点：_____ 巡视班组：_____ 巡视责任人：_____

巡视成员：_____ 共_____人

一、主要工器具

砍刀或手锯、活络扳手、望远镜、照相机、巡视检查接地箱或终端站需要的各类钥匙、药箱、安全帽、登山杖、钳型电流表、红外测温仪、紫外成像仪、电缆局放检测仪、告知书等。

二、危险点分析预控

1. 环境意外伤害——巡线时应穿绝缘鞋或绝缘靴，正确佩戴安全帽，雨、雪天防滑倒，过沟、坑、坎、崖和墙时防止摔伤，不走险路。过村前屋后防狗袭咬。山区巡线注意捕兽器具、蛇类、毒蜂伤人，上山时必须穿防穿刺鞋、扎绑腿，携带棍棒。

2. 触电伤害——作业人员进行接地箱开门检查时，应戴绝缘手套，禁止裸手直接接触带电设备，否则可能会发生人员伤害事故；作业人员进入终端站（塔）、T接平台内作业时，需保持与带电设备足够安全距离，以免造成感应电触电。

3. 人身伤害——单人巡视时禁止攀登树木和杆塔。

4. 交通意外——过公路要注意瞭望，乘车、船时提醒驾驶员遵守交通规则，以免发生交通意外事故，乘船时应穿好救生衣。

5. 机械伤害——在外单位管线施工监护指导中，巡视人员应注意预防机械施工工具及其他不可预计因素造成的伤害。

6. 其他——遵守山区、森林保护管理条例，严禁山上用火、吸烟。注意对环境的保护，不乱扔废旧电池、塑料制品。根据现场实际情况，补充必要的危险点预控内容。任何工作人员发现有违反《安规》规定，并足以危及人身和设备安全者，应立即制止。

三、补充危险点及注意事项

_____

四、工作流程（完成后在程序单上打√）

作业人员配备	工器具配备	工作前准备	二交一查	班后会

五、巡视人员签名

_____

六、紧急、重要缺陷汇总情况

_____

巡视责任人：_____   巡视日期：____年____月____日

图2-8　海底电缆正常巡视现场作业程序卡

海底电缆正常巡视现场作业卡

电缆名称及巡视地点：_____ 巡视人员：_____

巡视内容及检查结果（如情况正常在对应框打√；异常在对应框内打×，并以缺陷形式说明；无检查内容在对应框打/）

线路及杆塔号 检查项目												
海缆终端												
海缆终端测温												
海缆终端紫外检测												
海缆终端局部放电												
海缆接地系统												
海缆避雷器												
海缆中间接头												
海缆登陆点												
海缆警示标志												
了望台基础												
视频设备												
雷达设备												
高音喇叭												
高清望远镜												
海缆标识牌												
海缆警示牌												
海缆宣传牌												

缺陷情况、存在问题描述：

_____

巡视人：_____ 巡视日期：___年___月___日

图 2-9 海底电缆正常巡视现场作业卡

第 3 章

海底电力电缆线路状态检测

3.1　电力设备带电检测概述

3.1.1　带电检测的研究背景

电力设备在长期带负荷运行，并受电、热、机械以及自然环境的影响，会发生老化、疲劳、磨损，从而致使性能逐渐下降，可靠性降低。总的来说，设备的绝缘性能破坏是由于设备的绝缘材料在高电压、高温度的长期作用下，成分、结构发生变化，介质损耗增大，引起设备表面的绝缘故障。设备的导电材料在长期热负荷作用下，会被氧化、腐蚀，使电阻、接触电阻增大或机械强度下降，逐渐丧失原有工作性能。设备的机械结构部件受长期负荷作用或操作，会引起锈蚀、磨损而造成动作失灵、漏气漏液或其他结构性破坏，这些变化（称为劣化）过程一般是缓慢的渐变过程。随着设备运行期增长，性能逐渐下降，可靠性逐渐下降，设备故障率逐渐增大，从而可能危及系统的安全运行，因此必须对这些设备的运行状态进行检测。

带电检测是指在设备带电运行条件下，对设备状态量进行的现场检测，以设备存在缺陷时产生的声、光、电、磁、热等异常现象为突破口，重点监测振动、超声波、电磁波、发热等参数，在发现设备潜在性运行隐患中发挥了实际效用。根据先进的带电检测、状态监测和诊断技术提供的设备状态信息，能够及时开展电力设备的健康状态评价，判断设备是否存在异常，通过特殊的试验仪器、仪表装置对被测的电气设备进行特殊的检测，可发现运行的电气设备所存在的潜在性故障。

电力设备带电检测技术是采用便携式检测仪器对运行中设备状态量进行现场检测系列技术的统称。带电检测技术突出特点在于可以实现部分输、变、配电设备在运行条件下的状态诊断、缺陷部位的精确定位、缺陷程度的定量分析，解决了部分设备运行后没有测试手段的难题，有利于提高设备的可靠性，有利于开展设备状态评价和状态检修。

3.1.2　带电检测的优势

1. 安全层面

随着社会的发展与科学的进步，人们对生活质量的要求越来越高，工业、农业以及各种新兴产业也飞速发展，各种国际国内重要会议、大型活动等频繁举办，带电检测技术因其检测方式为带电短时间内检测，其灵活、有效、及时的特点在保电工作中发挥了重要作用。国家电力系统为打造坚强电网，近年来新增了多座变电站，电力设备量猛增，而这些设备能否正常稳定地运行是保证供电可靠性的前提。

近年来，电力设备的检测策略逐渐从刻板的定期停电检修向状态检修转变，检测手段的重点也从例行停电试验转变为更倾向灵活、有效的带电检测试验。传统电力设备的检修模式一直是定期停电检修，设备大量集中停电，检修时间紧、任务重，操作票繁多，容易发生误操作事故；设备频繁地停、送电操作，对于设备本身运行状况有很大影响；很多老旧设备因设备老化无法承受停送电时高电压及大电动力的冲击而不宜进行停电试验。带电检测技术恰好弥补了这些缺陷，因此其在智能电网设备状态检修模式中的重要性日趋显著。

2. 经济层面

带电检测是在电力设备不断电的情况下进行检测。带电检测会给所有的电力用户带来极大的方便，能有效地规避因停电给用户带来的经济损失，而且满足了部分全年不允许断电设备的检测需要。检测周期也可以根据设备的运行状况灵活安排，以便及时发现设备的隐患，了解设备隐患的发展趋势等。所以设备经过一次全面检测后，就可以只对有潜在隐患的器件和位置进行定期定点检测，而不需要像传统检测方式那样整体断电检测。带电检测具有投资小、见效快的特点，能有效减少常规预试重复试验对设备绝缘造成的损伤，延长设备寿命，节约检修费用，提高设备利用率，因此可作为发现设备缺陷的重要手段。

3. 技术层面

设备定期停电检测并不符合设备正常运行环境，如试验人员已经对设备进行了停电例行试验，投运后仍然出现事故，这说明对设备的某些潜在缺陷，在设备停电后施加试验电压的条件下是无法检测出来的。采用设备带电检测技术，在设备正常运行状态下可带电获得设备状态量，不受停电计划影响，也可以依据设备运行状况灵活安排检测周期，便于及时发现设备的隐患，了解隐患的变化趋势。例如超声波带电检测能准确捕捉到配电室内诸如变压器、开关柜、绝缘装置、断路器、继电器、母线排的放电现象，也能测量 SF_6 气体泄漏等无法从感官上观察到的声波变化；红外热像测试能准确地检测到设备元器件的温度以及温度的变化，通过高新科技热成像技术，直观地看到设备各点的温度，快速判断设备的整体运行状态等。

在设备检测和运维中合理运用带电检测技术可以弥补停电检测的不足，及时发现缺陷并实施针对性检修，提高电网运维管理和设备可靠性水平。被广泛应用于电网设备缺陷检测和诊断的各类带电检测技术已取得了显著成效，这些带电检测作业项目在评估设备状态量中起到了不可代替的作用。带电检测与在线监测、例行停电试验等项目一起对电气设备运行状态进行全方位的检测，是设备状态检修的重要手段。

3.1.3 带电检测的发展趋势

带电检测技术在电力系统中已得到广泛重视。随着社会的发展，用户对电力质量的要求越来越高，电力企业的竞争将越来越激烈，这必将促进带电检测技术的进一步发展和应用。未来电力系统状态监测技术的发展趋势将体现在以下几方面。

1. 带电检测与大数据分析技术结合

由于电力设备在周期或非周期的带电检测过程中获取的数据量很大，通过大数据分析技术对数据进行整合分析，结合周围环境湿度等因素的综合判断，从而进一步对设备进行智能化带电检测。

2. 带电检测与设备全周期管理相结合

对设备不断进行单一化、单模块的带电检测，使得带电检测工作变得更加烦琐，通过设备全周期管理将提高设备的经济性和可靠性，如将故障类型、产生原因、停台天数、维修工时、成本等相关数据及时输入计算机，并对信息进行分析处理，然后利用分析结果采取针对性措施，以使故障率大幅下降。

3. 带电检测与智能化控制跟踪技术

新兴技术替代老旧产品是社会发展的必然趋势，随着新技术的不断发展，利用各传感系统对设备进行远程监测与诊断的技术不断发展，因此可以将对日常的带电检测技术的分析与后期的智能化技术有机地结合起来，以保证电气设备更加稳定安全的使用。

3.2 状态检测内容及要求

3.2.1 海底电力电缆状态检测的原因

海底电力电缆是城市电网和岛屿电网间电气连接的纽带，对实现电网区域互联、能源可靠供应起到了重要作用。如福建省 10～220kV 的海底电力电缆达到 30 回，长度约120km；浙江省海底电力电缆数量更多，仅舟山市的海底电力电缆总长度已经超过了 500km。

海底电力电缆由于长期受到电场、热场、机械应力、化学腐蚀以及环境条件的影响，其本体绝缘、外护套、附件等均发生着细微变化，且海底电力电缆运行状态无法通过肉眼直接进行评判，一旦发生故障，损失巨大。因此，对海底电力电缆进行状态检测，科学评定其运行状态，对海底电力电缆的安全运行以及保障电网安全运行具有重要意义。

实际中，海底电力电缆通常采用海中段冲埋、潮间带沟道敷设、登陆段电缆沟直埋等方式敷设，对海底电力电缆进行状态检测的方法除光纤扰动监测、温度监测等在线监测手段外，一般采用定期巡视和带电检测手段来评定海底电力电缆运行状态。带电检测主要包括接地电流检测、红外测温、局部放电检测、紫外检测等。后文重点介绍接地电流检测、红外测温、紫外检测三个方面。

3.2.2 电缆状态检测的通用要求

电缆状态检测技术可有效地发现电缆线路潜伏性运行隐患，是电缆线路安全、稳定运行的重要保障，是电缆设备状态评价的基础。状态检测利用红外热成像、局部放电、接地电流检测等专业无损检测技术手段，综合评估并诊断电力设备的运行状况、绝缘老化、工艺缺陷等潜伏性故障。

电缆状态检测以检测方式不同可分为在线监测和离线检测，在线监测的装置主要有光纤扰动、温度、接地电流、护层电压、局部放电在线监测装置，通过传感器采集数据。离线检测一般是作业人员手持便携式检测设备，根据任务安排定期现场检测，主要包括接地电流检测、红外测温、局部放电检测、紫外检测等检测项目。电缆状态检测项目以及具体适用范围见表 3-1。

表 3 - 1　　　　　　　　　　　　　　　　电缆状态检测项目以及具体适用范围

检测项目	适用电缆	重点检测部位	针对缺陷	备注
红外热像	35kV 及以上电压等级的电缆	接头、终端	连接不良、受潮、绝缘缺陷	必做
金属护层接地电流	110kV 及以上电压等级的电缆	接地系统	电缆接地系统缺陷	必做
高频局部放电	110kV 及以上电压等级的电缆	终端、接头	绝缘缺陷	必做
超高频局部放电	110kV 及以上电压等级的电缆	终端、接头	绝缘缺陷	选用
超声波	110kV 及以上电压等级的电缆	终端、接头	绝缘缺陷	选用
变频谐振试验下的局部放电	110kV 及以上电压等级的电缆	终端、接头	绝缘缺陷	选做
OWTS 振荡波电缆局部放电	35kV 及以上电压等级的电缆	终端、接头	绝缘缺陷	选做

3.2.3　部分电缆状态检测项目要求

1. 红外检测

（1）检测周期。红外测温采用红外线测温仪或便携式红外热像仪对电缆线路进行温度检测。检测部位为电缆终端、电缆终端导棒、电缆终端尾管、电缆接地装置连接点、电缆导体与外部金属连接处以及具备检测条件的电缆接头。电缆红外检测周期见表 3 - 2，当电缆线路负荷较大或迎峰度夏期间、保电期间可根据需要适当增加检测次数。

表 3 - 2　　　　　　　　　　　　　　　　电缆红外检测周期

电压等级	周期
35kV 及以下	1) 投运或大修后 1 个月内； 2) 其他 1 年 1 次； 3) 必要时
	1) 投运或大修后 1 个月内； 2) 其他 1 年 1 次； 3) 必要时
110（66）kV	1) 投运或大修后 1 个月内； 2) 其他 6 个月 1 次； 3) 必要时
	1) 投运或大修后 1 个月内； 2) 其他 6 个月 1 次； 3) 必要时

续表

电压等级	周期
220kV	1）投运或大修后 1 个月内； 2）其他 3 个月 1 次； 3）必要时
	1）投运或大修后 1 个月内； 2）其他 3 个月 1 次； 3）必要时
330kV 及以上	1）投运或大修后 1 个月内； 2）其他 1 个月 1 次； 3）必要时
	1）投运或大修后 1 个月内； 2）其他 1 个月 1 次； 3）必要时

（2）现场检测要求。红外检测时，应满足以下要求：①电缆应带电运行，且运行时间应在 24h 以上，并尽量移开或避开电缆附件与测温仪之间的遮挡物，如玻璃窗、门或盖板等；②需对电缆线路各处分别进行测量，避免遗漏测量部位；③最好在设备负荷高峰状态下进行，一般不低于额定负荷 30%。

现场检测要求如下：

1）正确选择被测设备的辐射率，特别要考虑金属材料的氧化对辐射率选取的影响。对于辐射率，金属导体部分一般取 0.9，绝缘体部位一般取 0.92。

2）在安全距离允许的范围下，红外仪器宜尽量靠近被测设备，使被测设备充满整个仪器的视场，以提高仪器对被测设备表面细节的分辨能力及测温精度，必要时，应使用中、长焦距镜头。户外终端检测一般需使用中、长焦距镜头。

3）将大气温度、相对湿度、测量距离等补偿参数输入，进行修正，并选择适当的测温范围。

4）一般先用红外热像仪对所有测试部位进行全面扫描，重点观察电缆终端和中间接头、交叉互联箱、接地箱、金属套接地点等部位，发现热像异常部位后对异常部位和重点被检测设备进行详细测量。

5）为了准确测温或方便跟踪，应事先设定几个不同的方向和角度，确定最佳检测位置，并做好标记，以便之后复测用，提高互比性和工作效率。

6）按照格式记录被检设备的实际负荷电流、电压、被检物温度及环境参照体的温度。

（3）诊断判据。Q/GDW 11223—2014《高压电缆状态检测技术规范》，高压电缆线路红外诊断依据见表3-3。

表3-3　　　　　　　　　　　　　　高压电缆线路红外诊断依据

部位	测试结果	结果判断	建议策略
金属连接部位	相间温差<6℃	正常	按正常周期进行
	6℃≤相间温差<10℃	异常	应加强检测，适当缩短检测周期
	相间温差≥10℃	缺陷	应停电检查
终端、接头	相间温差<2℃	正常	按正常周期进行
	2℃≤相间温差<4℃	异常	应加强检测，适当缩短检测周期
	相间温差≥4℃	缺陷	应停电检查

2. 电缆金属护层接地电流检测

（1）检测周期。接地电流检测主要通过由电流互感器和电流表组合而成的钳形电流表进行，电缆金属护层接地电流检测的检测周期见表3-4。

表3-4　　　　　　　　　　　　电缆金属护层接地电流检测的检测周期

电压等级	周期	说明
35kV 及以下	1）投运或大修后1个月内； 2）其他1年1次； 3）必要时	1）当电缆线路负荷较重或迎峰度夏期间应适当缩短检测周期； 2）对运行环境差、设备陈旧及缺陷设备要增加检测次数； 3）可根据设备的实际运行情况和测试环境做适当的调整； 4）金属护层接地电流在线监测可替代外护层接地电流的带电检测
110（66）kV	1）投运或大修后1个月内； 2）其他6个月1次； 3）必要时	
220kV	1）投运或大修后1个月内； 2）其他3个月1次； 3）必要时	
330kV 及以上	1）投运或大修后1个月内； 2）其他1个月1次； 3）必要时	

（2）现场检测方法。现场检测方法要求：①检测前钳型电流表处于正确档位，量程由大至小调节；②测试接地电流应记录当时的负荷电流；③按要求记录接地电流异常互联段、缺陷部位、实际负荷、互联段内所有互联线、接地线的接地电流。

（3）诊断判据。对电缆金属护层接地电流测量数据进行分析时，要结合电缆线路的负荷情况，综合分析金属护层接地电流异常的发展变化趋势。高压电缆金属护层接地电流检测的诊断依据见表 3-5。

表 3-5 高压电缆金属护层接地电流检测的诊断依据

测试结果	结果判断	建议策略
满足下面全部条件： 1）接地电流绝对值＜50A； 2）接地电流与负荷比值＜20％； 3）单相接地电流最大值/最小值＜3	正常	按正常周期进行
满足下面任何一项条件时： 1）50A≤接地电流绝对值≤100A； 2）20％≤接地电流与负荷比值≤50％； 3）3≤单相接地电流最大值/最小值≤5	注意	应加强检测，适当缩短检测周期
满足下面任何一项条件时： 1）接地电流绝对值＞100A； 2）接地电流与负荷比值＞50％； 3）单相接地电流最大值/最小值＞5	缺陷	应停电检查

3. 带电设备紫外检测

（1）检测周期。一般情况下，对 500kV（330kV）以上的变电设备检测次数每年不宜少于 1 次，重要的 500kV（330kV）以上以及环境劣化或设备老化严重的变电站可适当缩短检测周期。500kV（330kV）以上输电线路视重要程度，在有条件的情况下，宜每 3 个月检测 1 次。

（2）现场检测方法。

1）紫外成像仪开机，增益设置为最大，在图像稳定后即可开机检测。

2）一般先对所用被测设备进行全面扫描，发现电晕放电部位，然后对异常放电部位进行准确检测。

3）紫外成像仪观测电晕放电部位应在同一方向或同一视场内，并选择检测的最佳位置以避免其他设备放电的干扰。

4）在安全距离允许的范围内，在图像内容完整的情况下，紫外成像仪宜靠近被测设备，使被检设备电晕放电部位在视场范围内最大化，记录紫外成像仪与电晕放电部位距离。

5）在一定时间内，紫外成像仪检测电晕放电强度以多个相差不大的极大值的平均值为准。并同时记录电晕放电形态、具有代表性的动态视频过程以及绝缘体表面电晕放电长度范围。

（3）诊断判据。一般是根据电气设备放电点的放电强弱进行分类，即根据被测物体中放电处的光子计数来进行程度分类，紫外成像仪检测电晕诊断依据见表 3-6 所示。

表 3-6 紫外成像仪检测电晕诊断依据

测试结果	结果判断	建议策略
没有光子产生	正常	按正常周期进行
光子数 1000 以下	注意	继续留意电晕发展
光子数为 1000~5000	缺陷	确定维修或更换时间
光子数大于 5000	严重	马上维修或更换问题部件，列为需要尽快安排停电检修

3.3 金属护层接地电流检测

目前，国内 35kV 及以上电压等级的电力电缆基本采用单芯结构。因电缆金属护层与线芯交流电流产生磁力线铰链，使其出现较高的感应电压，致使金属护层形成接地电流。接地电流大小与负荷电流有关，当负荷电流增大时，感应电压也增大，接地电流也会随之增大。接地电流检测一般使用钳形电流表。

3.3.1 海底电力电缆金属护层接地方式

电力电缆金属护层接地方式主要有两端直接接地、一端保护接地一端直接接地、两端保护接地和交叉互联接地几种，根据海底电力电缆的相关规程规定，海底电力电缆必须两端直接接地。两端直接接地示意图如图 3-1 所示。

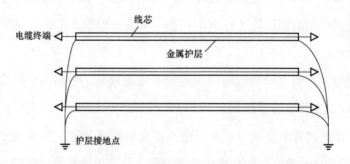

图 3-1 两端直接接地示意图

3.3.2 高压电缆护层接地电流理论

1. 接地电流产生的原理

对于单芯电缆来说，电缆线芯与金属护层可以看作变压器初级绕组中的线圈和铁

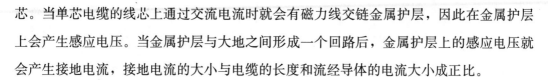

芯。当单芯电缆的线芯上通过交流电流时就会有磁力线交链金属护层，因此在金属护层上会产生感应电压。当金属护层与大地之间形成一个回路后，金属护层上的感应电压就会产生接地电流，接地电流的大小与电缆的长度和流经导体的电流大小成正比。

2. 影响接地电流的因素

接地方式的不同对环流的大小起了决定性的作用，此外还有一些其他因素对环流的大小也有影响。影响接地电流的因素如下：

（1）线芯电流。线芯电流对护层环流的大小有影响，在其他条件都相同的前提下，线芯电流越大，环流也越大。

（2）线缆的排列方式。线缆的排列方式对环流大小也有一定的影响。在三相的三条电缆呈品字型排列时，如果三条线路等长，则他们产生的感应电压幅值相等，相位各相差120°，所以感应电压三相之间向量和为零，理论情况下环流也就为零。但如果由于工程限制不能采取这种排列方式，而采取三条线路平行排列时，三条线路的护层感应电压并不相等，中间相上的感应电压小于两边的线路，总体环流也会比对称排列时明显增大。

（3）相间距。相间距的大小也会影响环流大小。当各相电缆呈品字形排列时，相间距相对固定。而平行排列时各相电缆之间的距离不同，会影响环流的大小。当相间距增大时，环流也会逐渐增大

（4）回路数。同一通道多回路情况下，随着回路数增多，由于多个回路之间会相互影响，环流最大值逐渐增加，三、四回路中，靠近中间的回路环流相对两边要小一些。

3. 接地装置异常的危害

电力电缆接地装置由接地箱、接地引线、接地网构成。它是一种将金属外护套与接地网相连通，使电缆的金属外护套处于零电位的装置，其避免了因电缆线路上发生击穿或流过较大电流时电缆外护套多点击穿。接地装置异常有护套悬浮接地、接地电阻不合格以及护套损耗高、护套击穿等，海底电力电缆接地装置异常主要为悬浮接地和接地电阻不合格。

（1）悬浮接地。当高压单芯电缆接地系统遭到破坏，接地引线被盗，失去与接地网连接之后，金属护层将失去与地的连接，护层上的电压将由正常运行时的工频感应电压改变为悬浮电压。

目前，接地线所用的材料都是铜芯电缆，铜在市场上二次价值很高，市场上铜价大约 7 万元/吨，高价值的铜材成了小偷的猎物，这导致接地线频频被盗；其次，接地线离地距离较近，而且远离电力设施的带电部分，犯罪分子易于得手。接地线、接地箱内含有的大量价值高的铜材和接地线、接地箱安装位置过低是造成接地装置被盗的主要原因。接电线被盗已经成为造成金属护层悬浮接地的主要原因。

金属护层悬浮电压对电缆安全运行影响很大，一是海底电力电缆外护套 PVC 抗老化性能差、吸水率高，运行时间较长的电缆外护套绝缘性能劣化严重，在悬浮电压作用下，很可能发生击穿；二是高压电缆外护套失去接地后，将导致电缆金属护套悬浮接地，电缆金属护层上的悬浮电压将会上升到电缆外护套工频耐压值容许值之上，这种情况将导致外护套击穿直接接地或通过支架接地，悬浮电压消失，但因为无法实现有效良好接地，在接地点处会有长期的放电存在或经外电极爬电连通到最近的金属支架或固定金具，长期放电将导致火灾。

（2）接地电阻不合格。接触不良，例如接地连接不紧密、接地锈蚀，会导致接地电阻不符合 GB 50169《电气装置安装工程 接地装置施工及验收规范》的相关规定（设计无要求时，接地电阻不大于 4Ω）。

首先，接地电阻过大，在雷电流通过时极容易因接地极的电位瞬时升高造成反击，造成电缆外护层击穿。此外，接地不良时，外护层工作在近似悬浮的状态，在接地点会有长期的放电或经外电极爬电连通到最近的金属支架或固定金具，引起接地点发热。电缆金属护层上的感应电压升高，长时间运行导致电缆外护套绝缘性能劣化，进而导致外护层击穿。

4. 接地电流检测步骤

钳形电流表由电流互感器和电流表组合而成。电流互感器的铁芯在捏紧扳手时可以张开；被测电流所通过的导线可以不必切断就可穿过铁芯张开的缺口，当放开扳手后铁芯闭合。通常用普通电流表测量电流时，需要将电路切断停机后才能将电流表接入进行测量，这是很麻烦的，有时正常运行的电动机不允许这样做，使用钳形电流表就可以在不切断电路的情况下来测量电流。使用钳形电流表不断电测量时，穿过铁芯的被测电路导线就成为电流互感器的一次线圈，其通过电流便在二次线圈中感应出电流，从而使与二次线圈相连接的电流表有指示，测出被测线路的电流。钳形电流表可以通过转换开关的拨档改换不同的量程，但拨档时不允许带电进行操作。钳形电流表一般准确度不高，通常为 2.5～5 级。为了使用方便，表内还有不同量程的转换开关以供测量不同等级电流以及测量电压。钳形电流表如图 3-2 所示。

图 3-2　钳型电流表

钳形电流表的测量步骤如下：

（1）进行电流测量时，被测载流体的位置应放在钳口中央，以免产生误差。

（2）测量前应估计被测电流的大小，选择合适的量程。在不知道电流大小时，应选择最大量程，再根据指针适当减小量程，但不能在测量时转换量程。

（3）为了使读数准确，应保持钳口干净无损，如有污垢时，应用汽油擦洗干净再进行测量。

（4）在测量 5A 以下的电流时，为了测量准确，应该绕圈测量。

（5）钳形电流表不能测量裸导线电流，以防触电和短路。

（6）测量完成后一定要将量程分档旋钮放到最大量程位置上。

3.3.3　实际接地电流异常的检测案例

1. 实际使用的接地电流检测仪器

实际中常用的接地电流检测仪器为福禄克钳形电流表，福禄克钳形电流表参数如图 3-3 所示。

技术指标				
		302+	303	305
交流电流	量程	400.0A	600.0A	999.9A
	精度	1.8%±5	1.8%±5	1.5%±5
交流电压	量程	600V		
	精度	1.5%±5		
直流电压	量程	600V		
	精度	1.0%±5		
电阻	量程	400Ω/4000Ω		
	精度	1%±5		
通断测试蜂鸣器		≤70Ω		
尺寸	高 x 宽 x 厚(mm)	207 x 75 x 34		
	钳口大小	30 mm		
安全等级		CAT IV 300V/CAT III 600 V		
工作温度		0°C至40°C		
储存温度		-30°C至60°C		
电池		2节AA电池		
IP等级		IP30		

图 3-3　福禄克钳形电流表参数

2. 接地电流检测结果

（1）缺陷内容描述。2019 年 9 月 24 日，专项带电检测中 110kV 岑南 19××线 70 号 C 相金属护套环流异常，A 相 1.63A、B 相 1.22A、C 相 0.11A、地线 2.31A。根据相关判定依据可知，单相接地电流最大值/最小值＞5，C 相应定义为缺陷。

（2）缺陷性质：严重。

（3）缺陷发现人员（班组）：赵××。

3. 接地电流检测分析

（1）69 号金属护套接地的情况下，测试 69～70 号金属护套和 69 号接地线的接地导通情况。万用表分别搭接 70 号铜鼻子、终端底板。万用表进行导通档测试，ABC 三相都存在蜂鸣，排除铅护套及 69 号接地相两段回路开路。金属护套接地下万用表检测结果见表 3-7。

表 3-7　　　　　　　　　　金属护套接地下万用表检测结果

检测部位	A（Ω）	B（Ω）	C（Ω）	备注
金属护套	198.9	166.3	58.4	数据出现后一直衰减，记载数据为刚跳出
金属护套＋69 号接地线	44/116	51/150	10/40	数据出线后不稳定，记载数据为跳跃数据

（2）测试接地线，万用表搭接 70 号接地线铜鼻子和铁塔。万用表进行导通档测试，ABC 三相都存在蜂鸣，排除 70 号接地线开路。测试接地线下万用表检测结果见表 3-8。

表 3-8　　　　　　　　　　测试接地线下万用表检测结果

检测部位	A（Ω）	B（Ω）	C（Ω）	备注
70 号接地线	1.7	1.5	18	BC 相接地相内接地线裸露部分肉眼可见氧化铜（铜绿）

（3）测试铅护套回路末端（终端底板）与 70 号接地线的连接点，核实该连接点是否存在开路。该连接点的连接螺栓 AC 两相由于膨胀及盐密渗入致使螺栓拧不出，螺帽直接被拧断。B 相由于膨胀螺栓也拧不出，螺帽被拧断。A 相拧出来的螺栓，导通测试没有蜂鸣，电阻测试跳出 6kΩ 后数据消失。BC 两相万用表进行导通档测试有蜂鸣声音。同时检查三相终端尾管铅封不存在鼓包，铅封处没有断裂。A、B、C 相接地螺栓以及拆下来的三颗螺栓如图 3-4～图 3-7。

图 3-4　A相接地螺栓

图 3-5　B相接地螺栓

图 3-6　C相接地螺栓

图 3-7　拆下来后三颗螺栓

　　经过对整个回路进行测试，确认故障点位于测试铅护套回路末端（终端底板）与 70 号接地线的连接点开路，致使 70 号 C 相金属护套上的电流通过海缆外护套流入大地（海缆外护套半导电），金属护套的接地电缆异常，为 0.07A。通过对接地电流的状态检测，发现接地系统异常，通过后期停电检测发现并消除接地系统的故障点，保证设备安全运行。

3.4　红外检测

　　红外检测技术以非接触、远距离、不停电为显著特征，使用简单灵活、安全性好、劳动强度低、投入产出比高，且易于发现传统检测方法难以发现的设备缺陷，因此在各国产业备受推崇。海缆状态检测也广泛地使用这一方法对海缆设备运行状态进行在线检测和故障诊断，对提高设备运行的可靠性、经济性和降低维修成本都具有重要意义。

3.4.1 红外检测技术概述

1. 基本原理

红外测温技术就是将物体发出的不可见红外能量转变为可见的热图像。通过查看热图像，可以观察到被测目标的整体温度分布情况，研究目标的发热情况，确定下一步工作方案。红外测温主要的仪器是现代热像仪，现代热像仪的工作原理是使用光电设备来测量辐射，并在辐射与表面温度之间建立相互联系。自然界中一切高于绝对零度的物体，总是在不断地发射红外辐射，这种红外辐射都载有物体的特征信息，这就为利用红外技术判别各种被测目标温度与热分布场提供了客观基础。收集并探测这些辐射能，就可以形成与物体温度分布相应的热图像，热图像再现了物体各部分温度和辐射发射率的差异，能够显示出物体的特征。

电气设备的故障形式多种多样，但从这些故障的红外检测角度考虑可将其分为外部故障和内部故障两大类。

外部故障是指裸露在设备外部各个部位发生的故障，如长期暴露在大气环境中工作的裸露电气接头故障、设备表面污秽以及金属封装的设备箱体涡流过热等。外部故障能直接暴露在红外检测仪的视场范围内，因此红外检测时可容易获得直观的故障情况。而内部故障则是指封闭在固体绝缘、油绝缘及设备壳体内部的各种故障，由于故障点密封在绝缘材料中，而红外线的穿透能力较弱，红外辐射基本不能穿透电气绝缘材料和设备外壳，所以通常难以像外部故障那样从设备外部直接获得直观的有关故障信息。但是内部热故障发热时间一般较长且稳定，故障点的热量可通过热传导和对流置换与故障点周围的导体或绝缘材料发生热传递，引起这些部位的温度升高，尤其是与之有电气连接的导体是热传导的良导体，会引起显著的温升效应，因此可以通过对设备的红外检测获得电气设备内部故障在外部显示的温度分布规律或热像特征，对设备内部故障的性质部位及严重程度做出判断。

2. 主要特点

（1）便捷性。红外检测技术可在一定距离内实时、定量、带电检测发热点的温度，通过扫描还可以描绘出设备在运行中的温度梯度热成像图，具有直观形象、灵敏度高、不受电气磁场干扰等特点，便于现场使用。红外热像仪坚实、轻巧、易于携带，便于进行日常巡视工作。

（2）安全性。红外检测技术具有不停电、不接触、不解体等特点，给运行设备状态检测提供了一种有效手段。它能够在仪器允许的范围内安全地读出接近的或不可到达的温度目标，还可以在测温较为困难区域进行精确测量。

（3）精确性。红外成像仪可以探测到的数据精确量化，且精度通常为$-2\sim+2℃$。它可以在$-20\sim+2000℃$量程内以$0.05℃$的高分辨率检测电气设备的制热故障，揭示出如导线接头或线夹发热以及电气设备局部过热等故障。红外测温技术除了红外图像外，还同时捕获一副数字照片，二者的融合有助于识别和定位故障，从而能够为第一时间准确修复故障提供可靠的数据和依据。

（4）使用面积广，效益高。红外检测技术适合用于发电、变电和输配电等所有高压电气设备的各种故障检测，可以实现大面积快速扫描成像，状态显示快速、灵敏、直观，劳动能力低，检测效率高。

（5）易于计算机分析，促进智能化发展。红外测温设备配备了功能强大的软件，用于储存和分析热成像并生成专业报告。通过相关软件，可以对热图像中的发射率、反射温度补偿以及调色板等关键参数进行调节，进而提高了检测的准确性。

（6）利用生产管理方法创新。红外检测与故障诊断有助于实现电力设备的状态管理和状态检修体制的过渡，通过对管辖的设备运行状态实施温度管理，根据每台设备的状态演变情况进行针对性维修，并通过红外检测技术评价设备的维修质量。

3. 诊断优势

有关统计资料表明，电气设备故障约25%是由于连接部位松动引起的，主要原因是大部分电气接头和连接件由于磨损、腐蚀、污秽、氧化、材质不良等方面的缺陷问题都可造成过热。根据电气设备故障产生与演变的特点，电气设备很少无征兆地发生故障，一般来说，电力系统故障设备具有温升及分布特征，因此，在不接触运行设备、不停电、不停机的前提下，基于对设备测温成像的红外技术恰好满足了电力系统故障检测的要求。

设备运行中，红外检测往往可找到一些看似无关大局的小问题，并允许在正常停机检修过程中分别给予解决，当逐个解决了这些小问题后，也就避免了严重问题的发生，改善了电气设备的运行状况。

红外检测技术对运行中的老旧设备、刚投运的新设备以及大修后的设备都一样有效。对运行中的老旧设备，它可以找出其失效部件，最大限度地减少它对整个系统造成的危害，使设备的寿命得以延长，灾难性故障得以避免，同时还可以确定检修的具体部位，避免了整个系统的关闭。对刚投运的新设备，虽然并不一定能找出任何严重问题，但可为运行人员提供有价值的原始数据资料；对那些已完成修理的设备，它的检测可以确保检修工作正常有效，从而进一步增加设备的工作效率。因此可以说，红外检测提供了一个预防潜在电气故障有效而安全的方法。

由于红外检测技术的状态检测可以诊断电气设备的绝大多数故障，而且还能发现其他常规检测手段无法检测的一些设备缺陷，例如设备缺油、漏磁致热、散热管油路堵塞以及大量高压设备输电线路接头的普查等，所以特别适合电气设备的故障诊断。红外检测技术以其独特优势备受国内外电力行业的青睐。

3.4.2 红外检测仪器

红外检测仪器多种多样，我国电力行业在用的红外仪器主要包括红外点温仪、红外热电视和红外热像仪三种类型。

1. 红外点温仪

红外点温仪是一种非成像型的红外温度检测与诊断仪器，它是以被测物体发射的红外辐射能量为信息载体，以非接触方式测定物体表面某点周围确定的平均温度。红外点温仪的测量原理和结构在红外测温设备中最简单，且具有品种繁多、用途广泛、价格低廉等特点，多用于测量物体点的温度。红外点温仪是国内外研制开发较早、应用最为普遍的非接触性单点测温仪，最初的红外点温仪为指南式，现已发展为采用数字显示被测目标的实际温度，具有先进的微处理扩展技术功能，并具有有限的存储和报警功能的测温仪。

红外点温仪的种类、用途较多，结构、原理也存在差别，但基本原理、结构大致相同。

（1）红外点温仪的基本原理。以光学元件组成光学系统，用于汇聚视场范围的物体发射的红外能量，成像在红外探测器上，红外探测器将这种能量转换成电信号，经电子线路放大及 A/D 转换，再由计算机对各种数据采集和处理，从液晶显示屏直接显示该物体的表面温度。红外点温仪基本原理图如图 3-8 所示。

（2）红外点温仪的基本结构。从图 3-8 可以看出，红外点温仪的基本构成包括红外光学系统、红外探测器、信号放大与处理系统和显示与输出系统四大部分。此外还有其他附件部分，如电源盒、瞄准器等。

1）红外光学系统。红外点温仪的光学系统是红外辐射的接受系统，它是红外探测

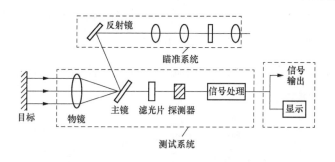

图 3-8　红外点温仪基本工作原理图

器的窗口。光学系统的主要功能是收集被测目标发射的红外辐射能量，进而把其汇聚到红外探测器的光敏面上。为了尽可能多地接收目标的红外辐射能量，要求光学系统有较大的相对光学孔径。光学系统决定了红外点温仪的视场大小，红外点温仪的视场与它的另一个重要参数——距离系数直接相关，距离系数 L/d 与视场角成反比关系。因此光学系统的性能也决定了红外点温仪的距离系数。

2）红外探测器。红外探测器是红外点温仪的核心部分，它的功能是将被测目标的红外辐射能量转变为电信号。热电堆式探测器的工作波长为 $2\sim25\mu m$，测温范围 $-50℃$ 以上，响应时间约为 0.1s，稳定性比较高。若采用热释电红外探测器作接收器件，由于它的灵敏度高，对光学系统的通光孔径要求可相对降低。

3）信号放大与处理系统。对于不同类型、不同测温范围、不同用途的红外点温仪，由于红外探测器种类不同、设计原理不同，其信号处理系统也就不同，但信号处理系统要完成的主要功能是相同的，即放大、抑制噪声、线性化处理、发射率修正、环境温度补偿、A/D 和 D/A 转换以及信号输出等。

4）显示与输出系统。红外点温仪的显示系统用于显示被测目标温度，早期多为表头显示，目前显示器多采用发光二极管、数码管和液晶显示屏等数字显示。数字显示不仅直观，而且精度高。为了方便记录和储存，红外点温仪还配有记录装置或输出打印设备。

5）附件。红外点温仪的附属部件除电源外，瞄准装置也是一个比较重要的附件。当被测目标距离较远时，为便于把点温仪对准被测部位，需要配备瞄准装置，常用的瞄准装置有目镜、可见光瞄准器和激光。

2. 红外热电视

（1）红外热电视的基本原理。红外热电视采用热释电靶面探测器和标准电视扫描方式。被测目标的红外辐射通过热电视的光学系统聚焦到热释电靶面探测器上，用电子束扫描的方式得到电信号，再经放大等一系列变换处理，最后转换成视频信号输出、存储和显示物体的热像。红外热电视是一种不需制冷而热成像的红外检测仪器，红外热电视工作原理如图 3-9 所示。

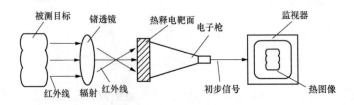

图 3-9　红外热电视工作原理

热电视扫描电路提供的行、场扫描过程与普通电视摄像管时电子束在光靶面上的扫描规律完全一样，即进行水平方向上的行扫描和垂直方向上的场扫描。

（2）红外热电视的基本结构。红外热电视的核心器件是热释电摄像管，它是一种实时成像、具有中等分辨率的热成像器件，主要由物镜、靶面和电子枪三部分组成，热释电靶面完成热电转换，再经电子枪扫描而形成被测物体的热成像。另外还有扫描器、同步器、前置放大、视频处理以及电源、A/D 转换、图像处理、显示器等。

靶面的作用是进行热电转换的关键步骤，靶面的材质决定了技术水平，硫酸三甘氨酸（TGS）是优良的靶面材料的选择。电子枪的作用是产生电子束，将热释效应产生的电荷进行中和。

3. 红外热像仪

根据红外辐射信号的来源不同，热成像可分为主动式和被动式两大类。主动式红外热成像是以红外辐射源去照射目标通过反射来获得被测物体的热成像，如夜视仪等；被动式红外热像仪是通过捕获被测物体本身发射的红外进行热成像。电力行业主要使用的是被动式成像仪，它由光学系统、红外探测系统和电子信号处理系统等组成，具有测温功能和伪彩色编码处理将热成像信息呈现在显示屏的功能，红外成像仪工作原理图如图 3-10 所示。

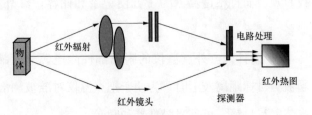

图 3-10　红外成像仪工作原理图

从红外检测的角度看，故障通常分为外部故障和内部故障。众所周知，电力系统运行中，载流导体会因为电流效应产生电阻损耗，而在电能输送的整个回路上存在数量繁多的连接件、接头或触头。在理想情况下，输电回路中的各种连接件、接头或触头的接触电阻低于相连导体部分的电阻，那么接触部位的损耗发热不会高于相邻载流导体的发热，然而一旦某些连接件、接头或触头因连接不良造成接触电阻增大，该部位就会有更多的电阻损耗和更高的温升，从而造成局部过热，此类故障通常属外部故障。

3.4.3　实际红外检测案例

1. 红外检测仪器

图 3-11　红外热像仪实物图

实际中常用的红外检测仪器为 Fluke TiX580 红外热像仪，红外热像仪实物图如图 3-11 所示。该热像仪主要的操作步骤：①针对被测物体设置辐射率、距离等参数；②对准目标设备；③设备自动粗调；④手动精调出清晰画面；⑤红外成像拍摄。

红外热像仪主要特性参数见表 3-9。

表 3-9　　　　　　　　　红外热像仪主要特性参数

特性	标准
温度测量范围（－10℃以下未校准）	－20～＋1000℃
精度	±2℃或 2%（取较大数值）
探测器分辨率	640×480（307200 像素）

2. 红外检测实例介绍

（1）缺陷发现过程。2019 年 1 月 18 日，舟山公司巡检人员对 500kV 洛威 5497 线电缆终端带电检测时发现，大鹏岛站 B 相终端、镇海站 A 相终端发热（见图 3-12、图 3-13）。其中大鹏岛站 B 相终端同部位相间温差（对比 A、C 相电缆终端）为 18.25℃，发热位置距终端底座 50～110cm，发热区域约为 20×60cm²；镇海站 A 相终端部位相间温差（对比 B、C 相电缆终端）为 21.56℃，发热位置距终端底座 50～110cm，发热区域约为 20×100cm²。缺陷部位数据见表 3-10。

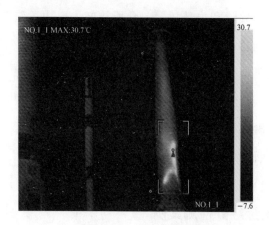

图 3-12　大鹏岛站 B 相终端测温照片（1.18）　　　图 3-13　镇海站 A 相电缆终端测温照片（1.18）

表 3-10　　　　　　　　　　　　　缺陷部位数据

检测部位	检测日期	检测时间	温差（℃）	线路负荷（MW）	负荷电流（A）
大鹏岛电缆终端	2019.1.18	10：55	18.25	28.56	111.51
镇海电缆终端	2019.1.18	13：51	21.56	28.52	111.52
大鹏岛电缆终端	2019.1.20	14：54	17.53	116.2	148.88
镇海电缆终端	2019.1.20	17：26	17.08	189.1	223.67
大鹏岛电缆终端	2019.1.22	12：57	13.8	210.3	243.97
镇海电缆终端	2019.1.22	16：45	20.4	211.8	245.78

（2）缺陷原因分析。发现电缆终端发热缺陷后，组织技术人员进行瓷套外观检查及表面污秽试验。试验结果表明，表面污秽度较低，大鹏岛侧和镇海侧各相终端外表面间无明显差异，发热区域表面未见明显异常。表面污秽引起放电或发热需要凝露、下雨等高湿度条件，红外测试期间无该气象条件，因此瓷套表面局部积秽引起发热的可能性较小，同时未发现瓷套表面破损、异物等其他外部情况。绝缘油试验结果未见明显异常，但试验油样取自终端底部，因此可能由于绝缘油黏度大、流动性差导致未取到发热区域油样。鉴于外观及表面污秽试验均未发现异常，判断发热为内部原因造成。

经电缆终端解体检查以及进一步仿真试验分析得出，洛威 5497 线海缆终端异常发热由瓷套内表面树枝状爬电引起。一方面发热终端瓷套接缝正好位于应力锥附近高场强区域的上边缘，场强较大；另一方面接缝处气泡、瓷套台阶等因素综合导致局部电场畸变。两方面作用叠加导致接缝处放电，并最终形成树枝状爬电。同时不排除瓷套安装过程中内表面受潮或水分未清除完毕的影响。后续建议附件厂家需要对瓷套结构进行改进并进行试验验证，同时加强瓷套生产过程中的工艺质量管控。附件现场安装时，应严格执行相关工艺标准，特别需要对真空注油、瓷套加热等重点环节加强管理，同时监理单位应加强对安装重点环节的监督。

（3）处理措施。选择不同电缆终端厂家重新制作电缆终端，同时运维人员全过程跟踪检修进度、施工情况，加强电缆终端制作过程质量监督，确保绝缘处理、套管加热、注油等关键环节施工工艺质量，并保证复役后红外测温正常。

3.5　紫　外　检　测

紫外检测技术可以检测电力设备电晕放电和表面局部放电特征以及外绝缘状态和污秽程度，与普遍使用的红外成像检测技术形成有效的互补。高压导体粗糙的表面、终端锐角区域、绝缘层表面污秽区、高压套管及导体终端绝缘处理不良处以及断股高压导线、压接不良导线、残缺绝缘体、破损绝缘子和绝缘子等有绝缘缺陷的电气设备，在高电压运行时，会因为电场集中而发生电晕放电，出现可听噪声、无线电干扰和电能损失等故障，对环境和设备运行产生一定的影响。因此，适度控制电晕效应对发展特高压输电非常重要。

3.5.1　紫外检测技术原理

1. 电晕放电

当电气设备周围的电场强度达到某一临界值时，就可能发生电晕，该临界值称为起晕电场强度。电气设备发生电晕时，其周围空气将发生电离，在电离的过程中，空气分子中的电子不断从电场中获得能量，当电子从激励态轨道返回原来的稳态电子能轨道时，就以电晕、火花放电等形式释放能量，此时，会辐射出含有紫外线成分的光波。

2. 检测原理

以紫外成像技术进行电量放电检测，利用特殊的仪器接收电晕放电产生的信号，经处理后成像并与可见光图像叠加，达到确定电晕位置和强度的目的，为电气设备的状态检测提供依据。紫外线的波长范围是 $10\sim400nm$，太阳光中也含有紫外线，但由于地球的臭氧层吸收了部分波长的分量，实际上辐射到地面上的太阳紫外光谱都在 $300nm$ 以上，低于 $300nm$ 的波长区域称为太阳盲区。高压设备放电产生的紫外线波长大部分为 $280\sim400nm$，也有少部分波长为 $230\sim280nm$，探测这部分波长的紫外线，可作为判断设备故障的依据。

3. 紫外成像的原理

紫外成像检测系统主要包括紫外成像物镜、紫外光滤光镜、紫外像增强系统、CCD相机、图像显示等。紫外信号源被背景光（包括可见光、紫外光和红外光等）照射，从信号源传输到成像镜头的有信号源自身辐射的紫外光，也有信号源反射的背景光。成像光束经过紫外成像镜头后，有一部分背景光被滤除，有一部分背景光仍然存在，其后光束再通过紫外太阳盲滤镜照到紫外光像增强器的光电阴极上，经过紫外增强器后，信号被增强放大并被转化为可见光信号输出，然后成像光束经 CCD 相机，最后经信号处理后输出到观察记录设备。紫外成像原理图如图 3-14 所示。

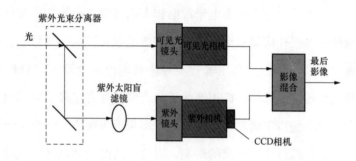

图 3-14　紫外成像原理图

4. 紫外关键技术问题

（1）紫外镜头。根据工作原理可知，从信号源传输到成像镜头的除了信号源自身的紫外辐射外，还有被信号源反射的背景光（包括可见光、紫外光和红外光等），而实验中需要的是信号源自身辐射的紫外光图像。为此，选用紫外光成像镜头能减少背景噪声。研制紫外光谱波段的透镜主要的问题是寻找合适的材料，在 $0.2\sim0.4\mu m$ 的光谱范围，最重要的材料为尚矽石和氟化钙。虽然开发了几种玻璃来降低 $0.4\mu m$ 以下的吸收，但其使用仍受限，因为在 $0.3\mu m$ 都还有吸收，常见的玻璃为 UBK-7 及 UK-5 两种。

（2）紫外光滤光技术。为了实现紫外滤光，比较了国产的三种紫外光滤光片发现，若选择宽带滤光片，则背景噪声太大，不能满足要求，而且一般的镜头总是对应一定的单色光设计，因此系统选用紫外窄带滤光片。

要得到信号源自身辐射的紫外光图像，必须滤除背景光。用宽带紫外光滤光片可滤除背景光中的可见光和红外光，背景光中的紫外光主要来自太阳的辐射，在紫外的 240～280nm 波段，太阳辐射完全被大气层中的臭氧吸收了，即在这个波段，大气层中的背景辐射为零，亦称"日盲"。所以，滤除背景光中的紫外光而又不影响信号源的紫外光图像，应选用"日盲"紫外窄带滤光片。

（3）紫外光像增强技术。在紫外成像检测系统中，由于紫外辐射一般比较微弱，若直接用对 UV 灵敏的 CCD 相机探测较弱的紫外信号，则会由于其强度太小而探测不到。为解决这个问题，先对紫外信号进行增强放大，然后再探测。为了实现紫外光信号的增强放大，使用紫外光像增强器比较合适。

在紫外成像检测系统中，由于紫外光的特点，要研制成紫外光像增强器有两条途径：①研制合适的紫外光电阴极，直接研制紫外光像增强器；②通过光谱转换技术，利用微光像增强器实现。研制紫外光像增强器的关键是研制合适的紫外光电阴极。紫外辐射和可见辐射在本质上是没有差别的，但由于紫外辐射的光子能量高，于是在研制紫外光电阴极时，产生了一些特殊的问题。

首先，要解决的是光窗的材料问题。由于高能光子会使一般玻璃内的电子发生跃迁，造成大概率的光子吸收，因而一般玻璃不透紫外辐射。要透过波长大于 180nm 的紫外线，光窗必须用石英或蓝宝石；要透过波长小于 180nm 的紫外线，光窗一般用氟化锂。其次，紫外应用的光电阴极材料通常还要满足一个重要的条件，即必须是"日盲"的。"日盲"就是对太阳辐射没有响应，即用于大气层时对 350nm 以上的光不灵敏；用于空间时对 200nm 以上的光不灵敏。在 400nm 以下的紫外光区有光电响应的材料很多，但在 200～400nm 的"日盲"阴极中，实际应用最成功的是碲化铯（Cs_2Te），Cs_2Te 的禁带宽度为 3.5eV，电子亲合势小于 1eV，其峰值量子产额约为 10%。

对 Cs_2Te 所进行的工作主要围绕两个方面，即如何形成能运用于光电倍增管和图像管的半透明阴极以及如何使它的长波响应下降到最小。因为 Cs_2Te 薄膜的电阻很大，所以解决第一个问题的先决条件就是透明导电基底的获得。因为当波长低于 400nm 时，它的吸收系数迅速上升，因此不能采用在可见光区常用的导电的氧化锡基底。实验发现，采用对入射光的透过率约为 85% 的蒸发钨膜即可。在实际应用中，用 Cs_2Te 作阴极的管子要维持高真空，为此制造过程中必须进行 300～400℃烘烤去气。如用碲作为蒸发源，则由于碲的蒸汽压较高，烘烤温度只能很低，采用碲化铟作为碲膜蒸发源可以克服这个困难，因为碲化铟在真空中的分解温度超过 500℃，而在此温度下，只有碲被蒸发出来。有了合适的紫外光电阴极，就可以研制紫外光像增强器。利用光谱转换技术加微光像增强器同样可实现增强紫外光的目的。

由于光谱转换技术及微光像增强器的制造技术都已较成熟，所以实现起来较容易，过程也简单。两种途径各有优缺，前者的优点是分辨率高，而后者实现起来简单。

3.5.2 紫外检测技术的应用

凡是有外部放电的地方都能用紫外成像仪观察电晕，其检测应用范围大致有导线外伤探测、高压设备污染检查、绝缘缺陷检测、绝缘子放电检测、无线电干扰源查找等方面。

1. 导线外伤探测

导线运输和施工过程中的损伤，运行过程中外部损伤、老化、断股、散股等均可利用紫外成像仪进行检测。缺陷位置及其附近的电场强度变强，在满足一定条件时会产生电晕，用紫外成像技术可轻松地检测到缺陷部位。

2. 高压设备污染检查

污染物通常引起高压设备表面粗糙，在一定的电压条件下会产生放电。导线的污秽程度及绝缘子上污染物的分布情况等都可以利用紫外检测技术进行分析。

3. 绝缘缺陷检测

在对试品进行电气耐压试验时，用紫外成像仪进行绝缘缺陷观察。若在试验时发生闪络，则说明试品肯定不合格；若观察到电晕，则可以根据试品的材料、结构形状、使用情况来综合评估是否有绝缘缺陷或缺陷的严重程度。

4. 绝缘子放电检测

劣化积污导致盐密（衡量绝缘子表面污秽导电能力大小的主要参数）过大，在一定条件下会发生放电，单纯的绝缘子劣化也会产生电晕。利用紫外成像技术在一定灵敏度和一定距离下可以观测到放电现象，便于对劣化绝缘子进行定位、定性并评估其危害性。

5. 无线电干扰源查找

高压设备的放电会产生无线电干扰，严重时会影响到附近的通信和电视信号的接收等，使用紫外成像技术可迅速找到干扰源。

3.5.3 紫外检测实际案例

1. 实际使用的紫外检测设备

Ofil SuperB 紫外线成像仪是一种便携式高性能紫外光探测器，该设备灵敏度高，抗干扰能力强，完全不受太阳光的影响，且检测时间不受限制，能在背景干扰中灵敏地探测出缺陷所发射出的微弱的紫外光，拥有强大的变焦能力，不管是远距离还是近距离的目标物体，都能够精确地探测到物体所发出的微小电晕。

2. 紫外检测结果

在日常海缆的状态检测中，通过紫外检测设备 Ofil SuperB 紫外成像仪检测蓬大1943 线 A、B、C 三相的玻璃绝缘子处的电晕放电量，并与检测项目的要求对比，判断设备的运行状态。电晕放电计数记录表 1、2 分别见表 3-11、表 3-12。

表 3-11　　　　　　　　　　电晕放电计数记录表 1

测试线路：　蓬衢 1950 线　　　　　　　　杆塔：　41 号
测试设备：　Ofil SuperB 紫外成像仪　　　　天气：　晴朗

电压等级（kV）	终端/绝缘子结构	相位	湿润	增益	电晕放电计数	测试时间
110	瓷套终端	B 相终端第一片绝缘子	否	180	1170~1740	13：21
110	瓷套终端	B 相底座	否	180	2160~2360	13：21
110	瓷套终端	B 相避雷器	否	180	40~60	13：21
110	瓷套终端	C 相终端第一片绝缘子	否	180	140~420	13：25
110	瓷套终端	C 相底座	否	180	570~1140	13：25
110	瓷套终端	C 相避雷器	否	180	210	13：21
110	瓷套终端	A 相终端第一片绝缘子	否	120	20~40	13：28
110	瓷套终端	A 相终端第一片绝缘子	否	150	60~100	13：36
110	瓷套终端	A 相终端第一片绝缘子	否	180	80~190	13：36
110	瓷套终端	A 相底座	否	160	40~160	13：31
110	瓷套终端	A 相底座	否	180	200~550	13：36

测试结论：测试中发现蓬衢 1950 线 A、B、C 三相终端电晕放电数均小于 3000，未超出建议值 5000（建议测试增益 100~150）。可认为线路无不正常放电。
测试人员：_____
测试日期：_____

表 3-12　　　　　　　　　　电晕放电计数记录表 2

测试线路：　蓬大 1943 线　　　　　　　　杆塔：　41 号
测试设备：　Ofil SuperB 紫外成像仪　　　　天气：　晴朗

电压等级（kV）	终端/绝缘子结构	相位	湿润	增益	电晕放电计数	测试时间
110	玻璃绝缘子	C 相	否	150	6100~14950	13：39
110	玻璃绝缘子	B 相	否	150	4030	13：40
110	玻璃绝缘子	A 相	否	150	3010~4980	13：41

测试结论：测试中发现蓬大 1943 线 41 号塔 A、B、C 三相线路绝缘子电晕放电数均在 4000 以上，尤其是 C 相绝缘子放电数甚至超出 10000；对比蓬衢 1950 线三相线路绝缘子放电数（均小于 3500），可认为其存在一定缺陷。此处认为是临近施工现场造成的污秽放电，可经常性检测该位置的电晕放电，找出明显电晕放电位置。
测试人员：_____
测试日期：_____

3. 紫外检测分析

测试中发现蓬大 1943 线 41 号塔 A、C 相终端上端电晕放电数较大，超出一般的 5000（建议测试增益 100～150），但无明显放电电晕；对比同塔双回蓬衢 1950 线的三相终端电晕放电数（均小于 3000），可认为蓬大 1943 线 41 号塔 A、C 终端存在放电现象。又考虑到蓬衢线终端及绝缘子刚完成停电清扫（此处认为是临近施工现场造成的污秽放电），而蓬大线清扫已久，污秽现象又有发生，需经常性检测该位置的电晕放电。

蓬大 1943 线 41 号塔 A、B、C 三相绝缘子电晕放电数均在 4000 以上，尤其是 C 相绝缘子放电数甚至超出 10000，可认为存在一定缺陷。对比蓬衢 1950 线三相线路绝缘子放电数（均小于 3500），可认为其存在一定缺陷。蓬衢线刚刚完成停电清扫，此处认为是邻近施工现场造成的污秽放电，需经常性检测该位置的电晕放电，找出明显电晕放电位置。

在蓬大线、蓬衢线 41 号塔的海缆终端及线路绝缘子电晕放电数的测试中发现，清扫过与未进行清扫的电晕放电量存在较大差异，可判定清扫能极大地减少电晕放电，从而降低线路发生污闪的可能性。蓬大线、蓬衢线 41 号塔的线路绝缘子电晕放电量较高，应对相应线路绝缘子进行重点检测，及时发现放电电晕位置。

现场使用情况表明，紫外成像技术可以有效地发现瓷绝缘子的微观裂纹、污秽、零值绝缘子、导线和金具外伤等缺陷，对红外检测技术难于检测的非发热缺陷也非常敏感。该项技术能通过放电检测对设备运行状态进行评估，并对设备保养维护做出预测及评估，是电气设备进行维护的有效工具，有助于设备状态检修的开展。

第 4 章

海底电力电缆线路检修管理

海底电力电缆检修是对海底电力电缆本体、附件、附属设备、附属设施及通道检修的总称，包括检修策略、检修计划、检修准备、检修实施、故障抢修、备品备件等工作。本章主要介绍检修和故障抢修。

4.1 海底电力电缆线路检修概述

4.1.1 检修的总则

(1) 电缆及通道检修应该坚持"安全第一，预防为主，综合治理"的方针以及"应修必修、修必修好"的原则，确保人身、电网、设备的安全。

(2) 电缆及通道的检修工作应大力推行状态检测和状态评价，根据检测和评价结果动态制定检修策略，确定检修和试验计划。

(3) 电缆及通道的检修应按标准化管理规定编制符合现场实际、操作性强的作业指导书，组织检修人员认真学习并贯彻执行。

(4) 电缆及通道的检修应积极采用先进的材料、工艺、方法及检修工器具，确保检修工作安全，努力提高检修质量，缩短检修工期，以延长设备的使用寿命和提高安全运行水平。

(5) 检修人员应参加技术培训并取得相应的技术资质，认真做好所管辖电缆及通道的专业巡检、检修和缺陷处理工作，建立健全技术资料档案。在设备检修、缺陷处理、故障处理后，设备的型号、数量及其他技术参数发生变化时，应及时变更相应设备的技术资料档案，使其与现场实际相符，并将变更后的资料移交运维人员。

(6) 检修人员在实施检修工作前应做好充分的准备工作，有必要时进行现场勘查，对危险性、复杂性和困难程度较大的检修工作应制订检修方案，准备好检修所需工器具、备品备件及消耗性材料，落实组织措施、技术措施及安全措施，确保检修工作顺利进行。

（7）状态检测设备应定期维护校验，确保状况良好。

（8）检修工作完成后，检修人员应配合运维人员进行验收，验收标准按照各类规程要求执行，并填写相关试验报告，及时录入生产管理系统。

4.1.2 检修的等级分类

按工作内容及工作涉及范围将电缆及通道检修工作分为 A 类检修、B 类检修、C 类检修、D 类检修四个等级，其中 A、B、C 类检修是停电检修，D 类是不停电检修。电缆及通道的检修等级和检修项目见表 4-1。

表 4-1　　　　　　　　　电缆及通道的检修等级和检修项目

检修等级分类	检修项目
A 类检修	(1) 电缆整条更换。 (2) 电缆附件整批更换
B 类检修	(1) 主要部件更换及加装： 1) 电缆少量更换； 2) 缆附件部分更换。 (2) 主要部件处理： 1) 更换或修复电缆线路附属设备； 2) 修复电缆线路附属设施。 (3) 其他部件批量更换及加装： 1) 接地箱修复或更换； 2) 接地电缆修复。 (4) 诊断性试验
C 类检修	(1) 外观检查。 (2) 周期性维护。 (3) 例行试验。 (4) 其他需要线路停电配合的检修项目
D 类检修	(1) 专业巡检。 (2) 不需要停电的电缆缺陷处理。 (3) 通道缺陷处理。 (4) 在线检测装置、综合监控装置检查维修。 (5) 带电检测。 (6) 其他不需要线路停电配合的检修项目

根据电缆的检测状态不同，检修策略也不同：

（1）正常状态检修策略是检修周期按照延迟 1 个年度执行，超过两个基准周期未执行 C 类检修的设备，应结合停电执行 C 类检修。

（2）对注意状态的电缆线路，如果因为单一原因导致电缆评价结果为注意状态时，应根据实际情况缩短状态检测和状态评价周期，提前安排 C 类或 D 类检修；如果由多项状态量合计扣分导致评价结果为注意状态时，应根据设备的实际情况，增加必要的检修和试验内容。

（3）被评价为异常状态的电缆线路，根据评价结果确定检修的类型，并适时安排 C 类或 B 类检修。

（4）被评价为严重状态的电缆线路应立即安排 B 类或 A 类检修。

4.2　海底电力电缆检修的项目

海底电力电缆的检修可分为计划检修、临时检修和故障抢修三类。计划检修是指列入年度检修计划和月度检修计划的维修、改造、试验等检修工作，主要包括设备维修和技术改造。临时检修指未列入检修计划，需要临时安排的检修工作，主要包括电缆设备安全隐患处理、缺陷消除。故障抢修是指设备发生故障或其他失效时进行的检修工作。一般计划检修和临时检修作业项目主要包括海底电力电缆本体和海底电力电缆附件和附属设备的检修，同时根据海底电力电缆的损坏程度，海底电力电缆的检修项目也有所不同。

4.2.1　海底电力电缆本体检修

海底电力电缆本体检修主要是对其登陆段、潮间带或发现异常的海中段进行检修，海缆本体检修项目及要求见表 4-2。

表 4-2　　　　　　　　　　海缆本体检修项目及要求

检修项目	检修内容	技术要求
外观检查	1）检查电缆是否存在过度弯曲、过度拉伸、外部损伤等情况，检查充油电缆是否存在渗漏油情况。 2）检查电缆抱箍、电缆夹具和电缆衬垫是否存在锈蚀、破损、缺失、螺栓松动等情况。 3）检查电缆的蠕动变形是否造成电缆本体与金属件、构筑物距离过近。 4）检查电缆防火设施是否存在脱落、破损等情况	1）电缆不应存在过度弯曲、过度拉伸、外部损伤等情况，充油电缆不应存在渗漏油情况。 2）电缆抱箍、电缆夹具和电缆衬垫不应存在锈蚀、破损、缺失、螺栓松动等情况。 3）采取有效措施，防止电缆本体与金属件、构筑物摩擦。 4）电缆防火设施应完好

续表

检修项目	检修内容	技术要求
例行试验	1）电缆外护套及内衬层绝缘电阻测量。 2）电缆外护套直流耐压试验。 3）电缆主绝缘电阻测量。 4）橡塑电缆主绝缘交流耐压试验	测试数据对照电力电缆相关规程，应符合要求
电缆外护套损伤	1）修复。 2）修复后再次测量外护套绝缘电阻，并进行直流耐压试验	外护套绝缘电阻应满足技术要求，直流耐压试验不击穿
电缆金属护层、铠装变形、破损	1）停电处理，去除受损金属护层、铠装。 2）修复电缆金属护层、铠装。 3）测量金属护层和导体电阻比	外观检查无变形、异常
电缆主绝缘电阻异常	1）试验不合格则进行故障查找及故障处理，更换部分电缆，重新安装电缆接头或终端。 2）检修后，测试主绝缘电阻	切除主绝缘薄弱段后应两侧测试主绝缘，确认其他段主绝缘良好，修复后整体测试主绝缘符合规程要求
抱箍夹具、防火设施	1）检查电缆夹具是否有偏移、锈蚀、破损、部件缺失等情况。 2）检查电缆防火设施是否完好	1）电缆夹具应无偏移、锈蚀、破损、部件缺失等情况。 2）电缆防火设施应完好

4.2.2 海底电力电缆附件检修

海底电力电缆附件包括电缆终端和中间接头，中间接头通常除海陆缆接头外都埋设于海底，如无接头故障一般不进行海底中间接头的检修。电缆终端和海陆缆接头检修项目见表 4-3。

表 4-3　　　　　　　　电缆终端和海陆缆接头检修项目

检修项目	检修内容	技术要求
绝缘套管	1）检查外观有无破损、污秽。 2）套管外绝缘有无污秽及放电痕迹。 3）清扫或复涂室温硫化硅橡胶（RTV）。 4）终端套管破损、发热消缺。 5）终端漏油	1）外观无异常。 2）套管外绝缘无污秽及放电痕迹。 3）支柱绝缘子套管破损点修补、发热消缺或更换套管应停电处理，并请厂家技术人员配合检查、处理，程度轻微的采取堵漏措施，严重的更换主要部件及绝缘油
支柱绝缘子	1）检查外观有无破损、污秽。 2）检测上、下端面是否水平。 3）测量绝缘电阻是否满足要求。 4）清扫。 5）破损更换	1）外观无异常。 2）上、下端面应处在同一水平面。 3）用 1000V 绝缘电阻表测量，绝缘电阻不得低于 10MΩ。 4）支撑绝缘子更换后应确保支柱绝缘子上端面水平，受力均匀

检修项目	检修内容	技术要求
设备线夹	1）检查外观有无异常，是否有弯曲、氧化、灼伤等情况。 2）检查紧固螺栓是否存在锈蚀、松动、螺帽缺失等情况。 3）发热消缺	1）外观无异常，高压引线、接地线连接正常。 2）螺栓不应存在锈蚀、松动、螺帽缺失情况。 3）发热消缺除锈、打磨，涂抹导电脂，紧固螺栓，恢复搭接良好
终端基础、支架、围栏及保护管	1）检查基础是否存在沉降、倾斜等情况。 2）检查终端支架是否存在锈蚀、破损、部件缺失等情况。 3）检查围栏、围墙是否存在破损、倒塌、部件缺失等情况。 4）检查终端下方电缆保护管是否存在破损、封堵材料缺失等情况。 5）围栏破损	1）基础不应存在沉降、倾斜等情况。 2）终端支架不应存在锈蚀、破损、部件缺失等情况。 3）围栏不应存在破损、倒塌、部件缺失等情况。 4）终端下方电缆保护管不应存在破损、封堵材料缺失等情况
海陆缆接头	1）检查电缆接头外观有无异常。 2）检查电缆接头两侧伸缩节有无明显变化。 3）接头变形、破损修复。 4）封铅发热。 5）接头发热	1）利用超声波检测，高频、超高频局部放电检测等先进技术检测无异常情况。 2）封铅发热应结合停电对封铅处检查，重新封铅。 3）电缆接头更换，按照电缆接头制作相关要求验收
支架、托架、防火设施	1）检查电缆接头托架、夹具有无偏移、锈蚀、破损、部件缺失等情况。 2）检查电缆接头防火设施是否完好	1）电缆接头托架、夹具应无偏移、锈蚀、破损、部件缺失等情况。 2）电缆接头防火设施应完好

4.2.3 海底电力电缆附属设备检修

海底电力电缆附属设备主要包括避雷器、接地装置、在线监测装置等，避雷器、接地装置、在线监测装置检修项目见表4-4～表4-6。

表 4-4 　　　　　　　　　　避雷器检修项目

检修项目	检修内容	技术要求
绝缘套管	1）外观检查。 2）套管破损消缺。 3）套管发热消缺。 4）套管积污清扫	1）外观无异常，无积污，高压引线、接地线连接正常。 2）套管外绝缘无污秽及放电痕迹。 3）均压环无错位。 4）套管无破损，测温无发热
设备线夹	1）外观检查。 2）检查紧固螺栓是否存在锈蚀、松动、螺帽缺失等情况。 3）发热消缺	1）外观无异常。 2）螺栓不应存在锈蚀、松动、螺帽缺失等情况。 3）搭接良好，测温无发热

续表

检修项目	检修内容	技术要求
均压环	1）除锈防腐处理。 2）更换或加装	均压环应无锈蚀、移位、脱落情况
避雷器支架	1）除锈防腐处理。 2）更换	避雷器支架应无锈蚀、破损、部件缺失等情况
例行试验	1）直流 1mA 在电压 U_{1mA} 及在 $0.75\ U_{1mA}$ 下漏电流测量。 2）避雷器底座绝缘电阻测量。 3）放电计数器功能检查、电流表校验。 4）计数器上引线绝缘检查	试验结果符合相关规程要求

表 4 - 5　　　　　　　　　　接地装置检修项目

检修项目	检修内容	技术要求
接地箱	1）外观检查。 2）箱体破损更换	接地箱、交叉互联箱箱体应完好，无破损、缺失情况
电气连接	1）外观检查。 2）连接处螺栓紧固。 3）发热消缺	1）外观无异常。 2）螺栓应不存在锈蚀、松动、螺帽缺失等情况。 3）搭接良好，测温无发热
接地电缆	1）外观检查。 2）破损修复或更换	接地电缆、同轴电缆应完好，连接良好
接地极	1）除锈防腐处理。 2）接地电阻不合格，增设接地桩，必要时进行开挖检查修复	接地极应无锈蚀，且接地电阻符合要求
例行试验	1）进行电缆外护套、绝缘接头外护套、绝缘夹板对地直流耐压试验。 2）接地极接地电阻测量	试验结果符合相关规程要求

表 4 - 6　　　　　　　　　　在线监测装置检修项目

检修项目	检修内容	技术要求
在线监控平台	检查系统是否运行正常	系统运行正常
监控子站	检查子站屏、工控机、打印机等设备是否工作正常	子站屏、工控机、打印机等设备工作正常
环流监测装置	1）校验环流监测数据的准确性。 2）检测设备与控制中心通信是否正常，中心显示环流数据是否正常	中心显示环流数据正常
在线局部放电监测装置	1）校验监测数据的准确性。 2）检测设备与控制中心通信是否正常	中心显示在线局部放电数据正常

续表

检修项目	检修内容	技术要求
在线测温装置	1）校验监测数据的准确性。 2）检测设备与控制中心通信是否正常	中心显示温度数据正常
视频监控系统	检查视频监控是否工作正常	视频监控应工作正常

4.2.4 海底电力电缆附属设施检修

海底电力电缆附属设施主要包括电缆支架、标识标牌、防火设施、防水设施、电缆终端站等，附属设施检修项目见表 4-7。

表 4-7　　　　　　　　　　　　附属设施检修项目

检修项目	检修内容	技术要求
电缆支架	1）外观检查。 2）损坏支架更换。 3）金属支架接地装置除锈防腐处理、更换或加装	电缆接支架应无偏移、锈蚀、破损、部件缺失等情况，金属支架接地应良好
标识标牌	1）除锈防腐处理、更换或加装。 2）检查警示标志支架螺栓是否紧固，钢结构是否锈蚀。 3）检查警示标志供电系统是否完好。 4）检查警示标志及警示字是否明显、醒目。 5）检查警示标志警示字夜间发光是否明显。 6）设有水中警示浮标的，应检查浮标是否完好	1）标识标牌应无锈蚀、破损、缺失等情况，字迹清楚。 2）警示标志基础完好，无开裂、冲刷。 3）警示标志支架螺栓紧固，无松动、缺失。钢结构无锈蚀、变形。利用水泥电杆的按架空线路水泥电杆技术要求执行。 4）警示标志供电系统所用太阳能板、蓄电池、逆变器等设备符合其运行标准技术要求。 5）警示标志及警示字夜间发光明显，亮度充足，夜间成型无残缺，船只可明显识别。 6）水中警示浮标正常运行，符合海上航保部门的航标技术要求
防火防水设施	1）外观检查。 2）破损修复或更换	防火防水设施完好
电缆终端站	站墙检查、修补，电子围栏修复	站墙应无开裂、坍塌现象，电子围栏无断裂
了望台	1）检查水底电缆了望台建、构筑物完好情况。 2）检查水底电缆了望台工作设备完好情况。 3）检查水底电缆了望台生活设施完好情况。 4）检查水底电缆了望台在线监测前段设备完好情况。 5）检查水底电缆了望台通信链路完好情况	1）水底电缆了望台建、构筑物完好，无雨水渗漏情况，门窗完整，无了望障碍物，能保证电缆了望值班人员开展正常生产和生活。 2）水底电缆了望台工作设备完好，雷达、望远镜、探照灯、高音喇叭、通信设备等设备齐全，无故障。 3）水底电缆了望台生活设施齐全，能满足值班人员生活基本需要。 4）水底电缆了望台通信链路完好，通信和信息传输畅通

4.2.5 海底电力电缆通道检修

海底电力电缆通道主要指电缆登陆段电缆沟、排管、直埋等土建设施，通道检修项目见表 4-8。

表 4-8   通道检修项目

检修项目	检修内容	技术要求
电缆沟	盖板修补或更换以及沟体修补	电缆沟、盖板不应存在破损、开裂、坍塌等情况
排管、直埋	覆土或杂物清理	排管或直埋处不应存在土层流失、堆积杂物等情况

4.3 海底电力电缆故障定位技术

海底电力电缆工程大多属于隐蔽工程，在电缆发生故障后，不易被运行人员发现，再加上故障电力电缆运行资料不全或遗失，将造成电缆故障查找困难，如何快速、有效、安全地定位故障点至关重要。本节重点介绍海底电力电缆故障的分类、定位技术、故障修复等相关知识。

4.3.1 海底电力电缆故障分类

海底电力电缆故障的原因和表现形式是多方面的，有逐渐形成的，也有突发的；有单一故障，也有复合故障。海底电力电缆故障原因可以分为外部因素和内部因素两大主要因素。

1. 外部因素

外部因素总结为以下五个方面：

（1）锚具造成的损伤。根据多年运维经验，发现海缆故障中外力破坏占比最多，而且船舶锚损是外力破坏的主要致因。通常锚泊损伤海底电力电缆可以分为船锚固定不良而意外坠落拖锚、船主紧急情况下的抛锚（如由于电力中断、发动机故障、舵功能失灵或其他原因造成的船只紧急抛锚）。

（2）渔具造成的损伤。在渔网捕鱼的过程中，网板需要从海床下划过，会松动海床的淤泥。当捕鱼人员需要搜寻深海鱼类时，需要将网板深入到海床下，随着捕鱼次数和深度的积累，海底的电缆可能会随之松动最后暴露在外，从而受到外部威胁。

（3）螺旋桨割伤。海底电力电缆潮间带敷设电缆埋深相对较浅，海水水深较浅，尤其大潮汛期间，若过往船只未按照规定航线航行，通过浅滩区时船只容易搁浅，螺旋桨高速旋转，容易割伤海底电力电缆，造成故障跳闸。

（4）敷设过程中的损伤。在电缆的安装过程中，由于受力不均或装载条件、应急切断等原因会造成电缆损伤。

（5）其他外部冲撞和环境损伤。海洋的环流、气压、潮流等自然环境因素也是造成海底电力电缆损坏的原因之一。

2. 内部因素

内部因素分为以下五个方面：

（1）绝缘受潮。绝缘受潮是电缆故障的主要因素之一，绝缘受潮一般可在绝缘电阻测试中发现，表现为绝缘电阻低，泄漏电流增大。一般造成绝缘受潮的原因有：①电缆选型不当，海底电力电缆选用一般型式电缆，阻水强度不符合要求；②电缆中间接头或终端密封工艺不良或密封失效；③电缆制造不良，电缆外护层有孔或裂纹；④电缆护套被异物刺穿或被腐蚀穿孔等。

（2）绝缘老化。电缆绝缘长期在电和热的作用下运行，其物理性能会发生变化，从而导致其绝缘强度降低或介质损耗增大而最终引起的绝缘崩溃称为绝缘老化，绝缘老化故障率约为 19%。运行时间特别久（30～40 年以上）的则称为正常老化，如在较短年份内发生类似情况者，则认为绝缘过早老化。

可能引起绝缘过早老化的主要原因有：①电缆选型不当，致使电缆长期在过电压下运行；②电缆线路周围，尤其登陆段电缆靠近热源，使电缆局部长期受热而过早老化等。

（3）过电压。海底电力电缆因雷击或其他冲击过电压而损坏的情况在电缆线路上并不多见，因为电缆绝缘在正常运行电压下所承受的电应力约为新电缆在击穿试验时承受电应力的 1/10。因此，一般情况下，3～4 倍的大气过电压或操作过电压对于绝缘良好的电缆不会有太大影响。但实际上，电缆线路在遭受雷击时被击穿的情况并不罕见。从现场故障实物的解剖分析可以确认，这些击穿点往往早已存在较为严重的某种缺陷，如绝缘层内有气泡、杂质，电缆绝缘严重老化等，雷击仅是较早地激发了该缺陷。

（4）过热。海底电缆过热有多方面的因素，主要有以下原因：①电缆终端上塔段或登陆段沟道太阳直晒；②电缆长期过负荷运行；③火灾或邻近电缆故障的烧伤；④靠近其他热源，长期接受热辐射等。过负荷是海底电力电缆过热的重要原因，电缆过负荷（在电缆载流量超过允许值或异常方式下）运行，未按照规定的电缆温升和电缆整体环境考虑时，会使电缆发生过热。例如在海缆登陆段电缆沟太阳直晒且通风不良，上塔段太阳直晒等情况下,都会因电缆本身过热而加速绝缘损坏,进而引发电缆故障跳闸。

(5)产品质量缺陷。电缆及附件是电缆线路中不可缺少的组成部分,其质量优劣直接影响电缆线路的安全运行。电缆及附件的制造缺陷以及一些施工单位缺乏技术能力或制作过程环境管控不到位,均会使电缆及附件制作存在较大的质量问题。这些质量问题主要为电缆本体主绝缘层偏芯、内含气泡、杂质,内半导电层出现结疤、遗漏,电缆储存运输中不封端造成线芯大量进水等;电缆附件制作中应力锥安装位置不当,半导电处理不干净,剥切尺寸不精确,防水密封不密实,封铅质量不过关,密封胶有遗漏等。

4.3.2 海底电力电缆故障抢修总体流程

海底电力电缆不同于陆地电缆,当海底电力电缆发生故障时,通常首先通过海缆一体化监控平台查询海底电力电缆路由海域船舶锚泊情况,初步判断海底电力电缆故障是外力破坏还是内部原因。海缆故障抢修总体流程见表 4-9。

表 4-9　　　　　　　　　　海缆故障抢修总体流程

步骤	阶段	作业事项
1	故障信息查询	故障跳闸信息发布
2		查询 48h 内船舶锚泊报警信息、一二级预警信息,利用海事雷达、AIS、海缆监控一体化平台、光电扰动、了望台等查询各类信息
3		确认疑似锚泊船舶信息,请求海事负责协助核实,征询海事意见
4		信息汇总上报,信息发布并上传微信工作群
5	故障测距	填写事故紧急抢修单或电力电缆第一种工作票
6		安全措施、技术措施交底
7		停电、验电、挂接地线
8		电缆接头
9		电缆绝缘测试
10		电缆故障测距
11		故障测距信息汇总上报,并上传微信工作群
12	故障精确定位、抢修及恢复送电	填写电力电缆第一种工作票
13		安全、技术措施交底
14		配合故障海缆精确定位
15		工作状态移交
16		抢修工作:①打捞;②接头制作;③敷设
17		电缆绝缘测试及试验
18		拆头、搭头、拆接地线
19		恢复送电

4.3.3 电缆测距步骤

一旦海底电力电缆发生故障造成供电中断后,测试人员一般需要选择合适的测试方法和合适的测试仪器,按照一定步骤来寻找故障点。海底电力电缆故障查找一般分故障性质诊断、故障定位、故障定点三个步骤。海底电力电缆故障测试流程图如图 4-1 所示。

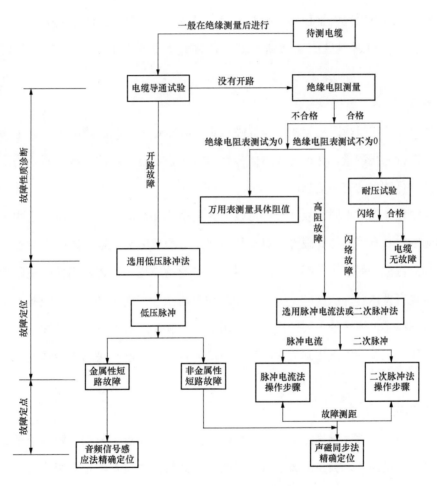

图 4-1 海底电力电缆故障测试流程图

1. 故障性质诊断

电缆发生故障以后,必须首先确定故障的性质,然后才能确定故障测试的方法,否则不但测不出故障点,而且会拖延故障抢修时间,甚至因测试方法不当而损坏测试仪器。

故障性质诊断就是指确定故障电阻是高阻还是低阻;是闪络还是封闭性故障;是接地、短路,还是两者组合;是单相、两相还是三相故障。在电缆发生故障时,可以根据故障时的现象来初步断定故障的性质。

当运行中电缆发生故障时，如果只是给了接地信号，很有可能是单相接地故障。如果继电保护过流继电器发生动作，出现了跳闸的现象，则可能是两相短路、三相短路或接地故障，也可能是短路与接地混合故障。如果根据故障时的现象不能判断出故障性质，那么必须测量绝缘电阻，并对电缆进行导通性实验测试。对于绝缘电阻的判断测量，首先用绝缘电阻表大量程测量相对地绝缘电阻，如果绝缘电阻为零，再用万用表进行精确测量，根据测量值来判断是高阻故障还是低阻故障，以及是否有相间短路情况。

2. 故障定位

故障定位又叫故障距离粗测，即故障测距。故障定位是在故障电缆芯线上施加测试信号或者进行在线测量，通过对故障信号针对分析，确定故障的大致位置，为下一步精确定点提供足够多的有用信息。

按照定位原理的不同，故障定位可以分为电桥法和行波法。电桥法只适用于低阻性故障的测距，具有很大的局限性。对于行波法，电缆故障类型以及线路不对称等因素都不会影响到行波法的应用，因此行波法得到了广泛的应用。比较常用的电缆故障行波测距方法主要有低压脉冲法、脉冲电压法和脉冲电流法、二次脉冲法、三级脉冲法等。脉冲电压法和脉冲电流法的主要区别是测试用的信号和接线有所不同，脉冲电压法使用高压脉冲电压，而脉冲电流法则为大电流。一般而言，脉冲电流法的接线情况要相对简单一些。

3. 故障定点

故障定点又叫故障精确测距，也称精确定点。故障定点是根据故障定位的结果，沿着电缆敷设时的路线，找出故障点较精确的位置并将故障位置限定在很小的范围内，然后在该范围内利用放电声测法或者其他方法确定故障点的准确位置。常用电缆探测定位方法有声测法、声磁同步检测法和音频感应法三种。其中故障精确定位是电缆故障检测的重中之重，其定位的准确性是电缆的故障能否被快速排除的关键，定位精度较高、适用范围较广的方法是行波法。

4.3.4 故障定位的方法

常用的故障定位方法有电桥回线法、低压脉冲法、脉冲电压法、脉冲电流法、二次脉冲法、光时域反射仪（OTDR）测试法等，这些故障定位方法主要针对海底电力电缆本体故障确定电缆故障的位置。

1. 电桥回线法

电桥回线法主要用于电力电缆单相接地、相间短路或短路接地的故障距离测试，根据电缆故障短路接地电阻的不同，可分别选用高压电桥回线法和低压电桥回线法。这种测距方法是基于电缆沿线均匀、电缆长度与缆芯电阻成正比的特点进行，并根据惠斯登电桥的原理将电缆短路接地故障点两侧的环线电阻引入电桥回路，测量其比值，由测得的比值和已知的电缆全长计算出测量端到故障点的距离。电桥回线法测量原理如图 4-2 所示。

2. 低压脉冲法

低压脉冲法又称雷达法，是在电缆的一端通过仪器向电缆输入低压脉冲信号，当遇到阻抗不匹配的故障点时，该脉冲信号就会发生反射，并返回到测试仪器。通过检测反射信号和发射信号的时间差，就可以测出故障距离 $L(L=v/2\times\Delta t)$，测试距离与脉冲传输半波速度有关，建议海缆出厂验收时根据实际电缆长度测定半波速度，方便故障测距。

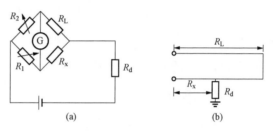

图 4-2　电桥回线法测量原理

(a) 组成的电桥测量回路；(b) 实测电缆回路

R_L—电缆全长的单芯电阻；R_x—始端到故障点的电阻；

R_d—电缆故障接地电阻

该方法操作简单、测试精度高，主要用于断线、短路、低阻故障测试，但不能测试高阻故障和闪络性故障。

3. 脉冲电压法

脉冲电压法是通过高压信号发生器向故障电缆中施加直流高压信号，使故障点击穿放电，故障点击穿放电后就会产生一个电压行波信号，该信号在测量端和故障点之间往返传播，在直流高压发生器的高压端通过设备接收并测量出该电压行波信号往返一次的时间和脉冲信号传播速度，从而算出故障距离。这种方法可以对高阻故障进行检测。

4. 脉冲电流法

脉冲电流法是通过向故障电缆设备施加直流高压信号，使故障点击穿放电，然后通过设备接收并测量出该电压行波信号往返一次的时间和脉冲信号传播速度，从而算出故障距离。这种方法是在直流高压发生器的接地线上套上一只电流耦合器，来采集线路中因故障点放电而产生的电流行波信号，因此与高压部分无直接的电气连接，安全性较高，适用于高阻故障测距。

5. 二次脉冲法

低压脉冲法测试低阻或短路故障的波形最容易识别和判读，但不能用来测试高阻和闪络性故障，原因在于它发射的低压脉冲不能击穿这类故障点，而二次脉冲法正好解决了这个问题，它可以测试高阻和闪络性故障，波形更简单、更容易识别。

二次脉冲法测试原理：首先测出高阻故障线芯反射波形图，然后在故障电缆线芯施加高压直流电压，电压达到某一值且场强足够大时，介质击穿，形成导电通道，故障点被强大的电子瞬间短路，即故障点会突然被击穿，故障点电压急剧降低几乎为零，电流突然增大，产生放电电弧。根据电弧理论，电弧的阻抗很小，可以认为是低阻或短路故障，此时再测出低阻故障点反射波形图，将这两种反射波形图叠加后进行分析计算，两条波形曲线分开的地方即为故障点。

6. 光时域反射仪（OTDR）测试法

复合光缆测试是复合光缆施工、维护、抢修重要技术手段，采用光时域反射仪（OTDR）进行复合光纤连接的现场监视和连接损耗测量评价是目前最有效的方式。这种方法直观、可信，并能打印出复合光纤后向散射信号曲线。另外，在检测的同时可以比较精确地测出由发射点至各接头点的实际传输距离，对精确查找故障、有效处理故障十分必要的。该方法要求维护人员准确掌握仪表性能，且操作技能熟练，能精确判断信号曲线特征。

OTDR测试法是通过发射光脉冲到复合光纤内，然后在OTDR端口接收返回的信息来进行测试的。当光脉冲在复合光纤内传输时，会由于复合光纤本身的性质，连接器、接合点、弯曲或其他类似的事件而产生散射、反射，其中一部分的散射和反射就会返回到OTDR中。返回的有用信息由OTDR的探测器来测量并作为复合光纤内不同位置上的时间或曲线片段，先从发射信号到返回信号所用的时间，再确定光在玻璃物质中的速度，从而可以计算出距离。

4.3.5 故障定点的方法

1. 声测法

声测法是在故障电缆施加高压脉冲使故障点放电时，通过听故障点放电声音来确定电缆故障点的方法。该方法比较容易理解，但由于外界环境嘈杂，且海底电力电缆敷设与海底距离较远，有时很难分辨真正的故障点放电声音。

2. 声磁同步法

声磁同步法也需对故障电缆施加高压脉冲使故障点放电。当向故障电缆施加高压脉冲信号时，在电缆的周围就会形成一个脉冲磁场信号，同时故障点的放电又会产生一个放电的声音信号。由于脉冲磁场信号传播的速度比较快，声音传播速度比较慢，他们传到地面时就会存在时间差，用仪器的探头在海面上同时接收故障点放电产生的声音和磁场信号，测量时间差，并通过一定探头位置找到时间差最小的地方，其探头正下方就是电缆故障点。

4.3.6　故障点检测定位仪器

海底电力电缆故障点检测定位仪器是对电缆故障位置进行综合检测的仪器，不仅包含故障测距设备同时还包含故障测深设备，其主要包括海底电力电缆脉冲测试仪、海底电力电缆探测发信机、海底电力电缆探测接收机、潜水探测棒和潜水测深仪等设备。

海底电力电缆脉冲测试仪主要用于对已铺设海底电力电缆的故障点进行初步检测定位和对整条海底电力电缆的电路特性进行整体评估，它能够实现对故障点至信号输入点的海底电力电缆长度的精确测量。海底电力电缆探测发信机、海底电力电缆探测接收机和潜水探测棒联合高精度的全球定位导航系统（GPS），可以精确探测海底电力电缆的路由轨迹，并对海底电力电缆的接地故障点进行精确探测定位，再配合使用潜水测深仪即可对故障点处的海底电力电缆的埋深进行精确测量。此外，在对海底电力电缆的探测及维修作业中，还可利用该系统引导潜水员水下找缆或引导冲吸泥装置作业，可明显提高海上突发断缆事故的抢修效率。

1. 海底电力电缆脉冲测试仪

海底电力电缆脉冲测试仪主要用于对已铺设海底电力电缆的故障点进行初步检测定位和对整条海底电力电缆的电路特性进行整体评估，它能够实现对故障点至信号输入点的海底电力电缆长度的精确测量。

海底电力电缆脉冲测试仪采用数字存储技术，以微处理器为核心来控制信号的发射、接收及数字化处理。在进行海底电力电缆故障探测时，测试仪按一定周期发出探测脉冲并将其加入被测电缆和输入电路，探测脉冲到达故障点瞬时击穿放电形成反射脉冲，该信号由被测电缆返回并经输入电路送至高速 A/D 采样电路转换成数字信号，最后送微处理器进行处理，微处理器根据电缆类型和信号的接收时间来计算故障点距测试点的长度，并在液晶显示器（LCD）上显示出来。

当海底电力电缆脉冲测试仪用于故障点定位作业时，由于该设备所测出的是信号输入点至故障点电缆的实际长度，并不是平台至故障点的直线距离，如果电缆存在大量缠绕或弯曲，那么所测量的数据对于确定故障点的位置将存在一定误差，因此使用该设备只是对故障点进行粗略范围的定位。要想对海底电力电缆故障点进行进一步的精确探测定位，还需要联合使用海底电力电缆探测发信机、接收机、潜水探测棒和测深仪，同时借助高精度 GPS 设备的定位导航功能。

2. 光时域反射仪

光时域反射仪（OTDR）测试法主要针对光电复合海缆中的光纤故障进行检测，是根据光在光纤内传播时遇到损伤处或断裂处时会发生瑞利散射和菲涅尔反射的原理，将反射光转换为电信号加以分离，并与时间轴一起反映在显示器上，通过分析波形变化来获得故障点位置的方法。光时域反射仪外形如图 4-3 所示。

图 4-3 光时域反射仪外形

OTDR 的测试原理是由激光源发射一定强度和波长的光束至被测光纤，由于光纤本身的特性和掺杂成分的非均匀性使光在光纤中传输产生瑞利散射，由于机械连接及断裂等原因使光在光纤中传输产生菲涅尔反射，这些散射光和反射光的一部分反向传回到输入端。由发射和返回所用的时间和光在光纤中的传输速度可计算光纤的长度，计算公式如下：

$$l = v/IOR \times \frac{t}{2} \qquad (4-1)$$

式中　　l——光纤长度；

　　　　v——光在真空中的速度；

　　　　t——光发射到返回（双程）的总时间；

　　IOR——光纤的折射率（IOR 由光纤生产商提供）。

OTDR 工作原理如图 4-4 所示。主时钟提供标准时钟信号；脉冲发生器产生电脉冲调制光源；光定向耦合器将光源发出的光耦合到被测光纤，同时将背向散射光耦合进光探测器，再经放大和信号处理，送入 CRT 显示波形及数据。CRT 显示的波形横轴表示光往返时间（可转换为光线距离），纵轴表示背向散射光强度（可转换为正向传输光的强度）。

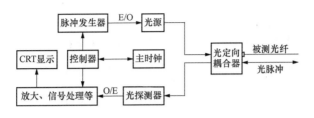

图 4-4　OTDR 工作原理

3. 海底电力电缆探测发信机

海底电力电缆探测发信机以微处理器为核心，以 SPWM 方式制作，用主动元件 IGBT 模块设计，采用了数字分频、D/A 转换、瞬时值反馈、正弦脉宽调制等技术，具有负载适应性强、输出波形品质好、操作简便、体积小、质量轻等特点，具备短路、过流、过载、过热等保护功能，以保证电源可靠运行。发信机将市电中的交流电经过 AC→DC→AC 变换，输出为纯净的正弦波，输出频率和电压在一定范围内可调，十分接近理想的交流电源。

针对 1000V 的最高输出以及 500W 的输出功率，发信机采用了以大功率 IGBT 开关器件为核心的交直交变频配合升压变压器的结构形式，以达到发热小、偏移小、波形失真小的目的。同时，发信机采用了 PWM 脉冲调制技术控制方式，通过调节脉冲波宽度来调节输出电压大小，使其在 0～220V 范围内变化。

通过上述两种技术的使用，发信机可以对 25、50、133Hz 三个频率的信号进行激励。较低的 25Hz 可以在大水深或电磁环境比较复杂的场合使用；50Hz 可以在大水深、无工频干扰的情况下使用，或者用于直接探测载流的电缆，为正在工作电缆的路由探测提供了手段；133Hz 在水深较浅、电磁环境较好的场合能获得更好的效果，在一些 25Hz 和 50Hz 信号都受到干扰的情况下能起到意想不到的作用。

4. 海底电力电缆探测接收机

导体通过交变电流其周围会产生电磁场，并向空中传播。海底电力电缆发生故障后，其芯线（或金属护层）与大地（海水）构成回路，当在海底电力电缆与大地之间送入一定功率的交流信号时，便在电缆周围产生电磁场，并通过海水（衰减）向海面传播。用海底电力电缆探测接收机把此信号接收下来，根据接收信号的强弱即可判断出电缆的位置。当探测点越过故障点后信号不能通过，接收机就收不到信号，以此可确定故障点的位置。

5. 潜水探测棒

潜水探测棒实际上是一个多匝线圈，当探测棒靠近海底电力电缆时，线圈中通过交变的磁力线从而产生感应信号，此感应信号送到接收机主机，被检测、指示。

潜水探测棒与海底电力电缆的相对位置以及感应信号存在一定的变化规律，信号变化规律如图 4-5 所示。

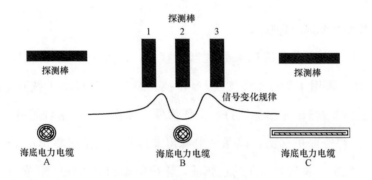

图 4-5　信号变化规律

潜水探测棒与海底电力电缆的相对位置以及感应信号的变化规律如下：

（1）探测棒与海底电力电缆垂直交叉（见图 4-5A），探测棒由远而近时，感应信号由弱变强；由近而远时，信号由强变弱，直至消失。

（2）探测棒与海底电力电缆垂直且与海面垂直（见图 4-5B），探测棒在海缆正上方时，感应信号为零。

（3）探测棒略偏离海缆正上方时，信号明显增大（如图 4-5B 中 1、3 的位置）。

（4）探测棒离海缆较远时信号变弱，即当探测棒由远而近靠近海缆到达海缆正上方，再越过海缆由近而远离开海缆时，信号的变化过程如下：无信号→弱→逐渐变强→最强→然到零→最强→由强渐弱→无信号。

（5）探测棒与海底电力电缆平行（见图 4-5C）时，信号始终为零。

6. 潜水测深仪

潜水测深仪是由三个感应线圈组成的三棒探头，包括三个线圈探头、三路电子测量与信号处理单元，潜水测深仪外形如图 4-6 所示。根据同一时刻分别测得的三个线圈的

图 4-6　潜水测深仪外形

感应电信号的幅值大小，通过一系列运算，可得到探头与海底电力电缆的距离，最终在终端（接收机）上显示三路信号的大小以及探头与海底电力电缆的距离等相关信息。实际测量海底电力电缆埋深时，在海底电力电缆上方周围转动探头，所测得的距离最小值即为探头到海底电力电缆的垂直距离，由此可得到该点海底电力电缆准确的埋深。在路由探测方面，结合哑点法与峰值法的优点，使它能更明确地判断海底电力电缆的位置，大大提高准确度。

4.4　海底电力电缆故障修复

4.4.1　海底电力电缆故障抢修准备工作

海底电力电缆发生故障后，组织人员对海底电力电缆精确定位后，施工单位应组织开展海底电力电缆故障抢修工作，包括故障抢修前期准备工作、海底电力电缆故障点打捞、故障点修复、修复后敷设及保护措施等工作。

运维单位根据故障信息开展电缆故障定位和故障定点，并将电缆故障信息和运行信息提供给施工单位，施工单位开始准备工作。施工单位准备工作如下：

（1）施工单应编制海底电力电缆抢修施工方案，落实组织、技术、安全措施。

（2）根据海底电力电缆故障点所处海域，提前向海事部门办理施工许可手续，落实施工期间所需的资源，主要包括船舶资源、设备资源和人力资源。

1）船舶资源。船舶是海底电力电缆修复过程中最主要的资源之一，担负着修缆设备运输，海底电力电缆打捞、警戒等重要使命，并为施工人员提供海缆维修过程中的施工支持和生活支持。海底电力电缆密封接头制作过程中，要求施工船舶必须稳定地停泊在施工现场，不能出现大幅度晃动或无法抗风需撤离现场等情况的发生。因此对船舶现场抗风能力要求非常高。

2）设备资源。海底电力电缆维修过程中需要的设备资源主要包括定位设备、潜水设备、故障点检测设备、接头制作相关设备。

3）人力资源。海底电力电缆维修过程中需要的人力资源主要包括现场管理协调人员、现场工作负责人、定位人员、潜水员、故障点检测人员、厂家技术人员、甲板施工配合人员。

（3）备用电缆。在大多数情况下，海底电力电缆敷设时在海底按直线放置，故障点修复时，在端部被吊起之前必须被切断，制作接头时必须将故障电缆段及进水端切除，以上各种因数均会造成海底电力电缆长度不足，因此必须增加适当备缆。备用电缆的长度至少要超过水深的2倍，外加的长度用来满足电缆的悬链线长度、电缆在船上起吊架所需的长度、制作接头时切除的长度以及安全裕度。在连接之前，要检查被损害电缆的末端是否有更多的损伤和是否有水浸入，可能还要切断电缆。

4.4.2 修复作业流程

1. 海底电力电缆故障点打捞

根据故障精确定点位置，警戒船只做好警戒，打捞船只结合该故障电缆原本为冲埋敷设的埋设深度，依据扫测结果，制定故障电缆打捞方法。打捞方法可分为以下两种：

（1）若故障电缆在海床面上，则在平潮期间，依据勘测公司提供的数据，导航组采用GPS确定该电缆的路由，辅助锚艇抛锚进行定位。然后潜水员携带工具传递绳索后下水探摸海底电力电缆。探摸到电缆后，由船上人员通过工具传递绳索将吊带送至水下。潜水员在海缆上绑扎好吊带后，主施工船的船上操作组缓慢启动卷扬机，缓速地将故障电缆打捞出水。打捞上船后，将故障电缆放置在主施工船船沿边的滑轮上，然后慢慢向预定故障点方向航行寻找故障。

（2）若故障电缆在海床泥面下，则在平潮期间，依据勘测公司提供的数据，导航组采用GPS确定该电缆的路由，博翔工9抛四锚定位，利用冲吸泥泵将故障海缆冲出泥面，冲吸长度约100m。然后利用海军锚将电缆打捞至甲板。

2. 海底电力电缆故障点切除

打捞损伤段海底电力电缆至甲板切断或进行水下切断。向一侧进行损伤段海底电力电缆切除，直至此侧海底电力电缆机械性能和光学性能都完好后，进行封头、标记；另外一侧海底电力电缆损伤端同样进行损伤段海底电力电缆切除，直至此侧海底电力电缆机械性能和光学性能良好。

3. 海底电力电缆备缆展放

电缆打捞上船后将该电缆截断设浮漂，然后计算两个截断处的距离确定接续电缆长度，确定长度后进行接续电缆的敷设施工。

4. 海底电力电缆接头制作

备用海底电力电缆展放之后，搭设接头制作洁净房，将备用海底电力电缆与一侧海底电力电缆进行中间接头制作。中间接头制作一般要求制作软接头，需要厂家专业人员持制作资质证书制作，运维人员进行关键节点监督。第一个中间接头制作完成后，利用施工船配合吊装，将中间接头下放至海床，并对接头定位。第一个中间接头放至海床后，向另一侧断点移船，移船至海缆铅封端头处，潜水员下水将铅封端头打捞至船舶甲板，切除进水部分后，拖入中间接头制作洁净房。由厂家专业人员进行第二个中间接头制作，制作完成后，利用施工船配合吊装，将中间接头下放至海床，并对接头定位。

5. 海底电力电缆修复后测试及保护

测试修复后的海底电力电缆绝缘电阻，测试符合技术要求后，利用潜水员将电缆人工冲至海床面下 1～1.5m，最后在该段电缆路由上面加盖联锁块予以保护。

4.5　线路海底电力电缆检修具体实例

2014 年 2 月 17 日 16：32，南双××线路跳闸，动作情况：南沙变南双××线路跳闸，重合闸不成功，距离Ⅰ段、零序Ⅰ段，故障测距 7.2km，故障相 B 相，天气阴雨。

1. 初步故障分析

根据调度下发的线路故障跳闸信息，并利用 AIS 综合监控平台，对故障线路海底电力电缆路由船只情况进行回放发现，浙普渔运××号船舶于 2 月 17 日 15：32 在海底电力电缆禁锚区内航速过低，系统报警；至 16：27 共报警 5 次。经船舶轨迹回放显示，浙普渔运××号船舶于 2 月 17 日 15：16 进入海底电力电缆禁锚区，16：40 驶离禁锚区范围，与南双××线跳闸时间相吻合，初步判断为船舶抛锚造成海底电力电缆故障跳闸。

2. 故障定位

输电运检室申请将线路状态改为检修状态，组织人员对南双××线朱家尖至登步段海缆两侧挂设接地线、电缆接头，进行海底电力电缆故障测试。测试 A 相、C 相电缆无故障（实测数值：A 相 2.5GΩ、C 相 3.0GΩ），B 相海底电力电缆绝缘到零。经低压脉冲法故障测距，故障点距朱家尖终端约 4273m，该故障测距与调度故障测距相吻合，与抛锚船只经纬度相吻合，判断为故障点，低压脉冲故障测距如图 4-7 所示。

3. 故障抢修前期准备工作

输电运检室将电缆故障信息和运行信息提供给施工单位，施工单位编制海底电力电缆抢修施工方案，落实组织、技术、安全措施。根据海底电力电缆故障点所处海域，提前向海事部门办理施工许可手续，组织人员开展海底电力电缆故障点扫海，准备备缆及

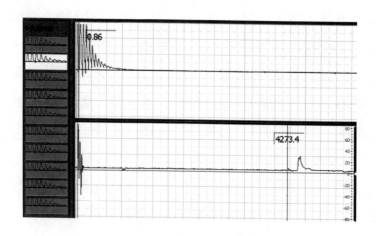

图 4-7 低压脉冲故障测距

相应工器具，同时通知电缆厂房技术人员。

4. 海底电力电缆故障点打捞

扫海发现海缆断开暴露在海床面上，在平潮期间，布置警戒船只警戒，采用 GPS 确定该电缆的路由故障点大致范围，通过在电缆上施加脉冲，通过仪器精确定位故障点位置，故障点位置确定后，使用船只自带锚钩将海缆打捞至施工船只甲板上。海缆故障点如图 4-8 所示。

(a)   (b)

图 4-8 海缆故障点

(a) 故障点局部；(b) 海缆故障整体

5. 海底电力电缆故障点切除

打捞损伤段海底电力电缆至甲板，向一侧进行损伤段海底电力电缆切除，直至此侧海底电力电缆机械性能和光学性能都完好后，进行封头、标记；另外一侧海底电力电缆损伤端同样进行损伤段海底电力电缆切除，直至该侧海底电力电缆机械性能和光学性能良好。

6. 海底电力电缆备缆展放

电缆打捞上船后将该电缆截断设浮漂，然后计算两个截断处的距离确定接续电缆长度，确定长度后进行接续电缆的敷设施工。

7. 海底电力电缆接头制作

备用海底电力电缆展放之后，搭设接头制作洁净房，将备用海底电力电缆与一侧海底电力电缆进行中间接头制作。中间接头一般要求为软接头，需要厂家专业人员持制作资质证书制作，运维人员进行关键节点监督。第一个中间接头制作完成后，利用施工船配合吊装，将中间接头下放至海床，并对接头定位。第一个中间接头放至海床后，向另一侧断点移船，移船至海缆铅封端头处，潜水员下水将铅封端头打捞至船舶甲板，切除进水部分后拖入中间接头制作洁净房。由厂家专业人员进行第二个中间接头制作，制作完成后，利用施工船配合吊装，将中间接头下放至海床，并对接头定位。故障点中间接头制作如图 4-9 所示。

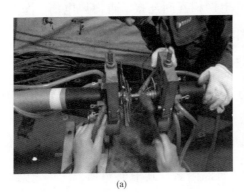

(a)   (b)

图 4-9　故障点中间接头制作

（a）故障点中间接头导体连接图；（b）故障点中间接头绝缘层恢复图

8. 海底电力电缆修复后测试、恢复送电

接头制作完成，海缆敷设入海，工作负责人申请将线路状态改为冷备用状态，开展修复后测试工作，海底电力电缆绝缘电阻测试符合技术要求后，潜水员将电缆人工冲至海床面下 1.5m，在该段电缆路由上面加盖联锁块予以保护。最后工作负责人汇报工作许可人，工作终结，恢复线路送电。

第 5 章

海底电力电缆综合智能化监控技术

5.1　海底电力电缆智能化监控技术背景综述

5.1.1　海底电力电缆安全运行的外破风险

海底电力电缆是世界上重要的电能传输工具之一，其通过敷设于海底的输电线路进行输电。海底电力电缆的使用已经超过百年，在近几十年得到了更加广泛的应用，最主要的应用是岛间供电，除此之外还包括独立电网相互间连接、近海风电场、海上石油、天然气平台供电以及跨越江河、海峡短距离输电等。海底电力电缆通常敷设在环境极其恶劣的海底，其在运行中除了受到潮汐、波浪冲刷、地震、崩塌、海底泥石摩擦、有害气体侵蚀、鱼类咬啮等自然因素的作用外，还受到捕鱼活动和船只抛锚等人为因素的破坏。

根据相关统计资料，造成海缆损坏、导致海缆故障的三大主要原因是海水养殖业和渔业捕捞活动、航运和海洋工程船只活动及自然因素，其中前两项人为因素总和约占95%。风险因素也称为风险源，风险因素转化为风险有风险转化条件和风险触发条件两种。转化条件是指风险因素只有具备了一定的条件，才会发生风险事件，有了这样一定的条件，才有可能从潜在风险转变为现实风险。触发条件是指尽管具备了转化条件，风险也不一定会发生，因此还得需要另外一些条件，这种促使风险事件真正发生的条件称为风险触发条件。比如发生火灾，则人员的违章操作就是发生火灾的触发条件。风险要素关系示意图如图 5-1 所示。

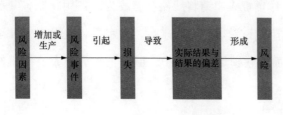

图 5-1　风险要素关系示意图

5.1.2　海底电力电缆智能化监控系统建设的必要性

近年来，国民经济飞速发展，国家海洋经济战略建设逐步兴起，海洋经济发展上升至国家战略，这对能源安全、可靠供电提出了更高的要求。复杂海底电力电缆设备的监测往往具有复杂性、不确定性、多故障并发性等特点，单一的智能监测技术存在精度不高、泛化能力弱等问题，难以获得满意的监测效果，故急需一种新的思路和方法来解决这些工程实际问题。

利用人工神经网络、模糊逻辑、遗传算法等单一智能技术之间的差异性和互补性，扬长避短，优势互补，并结合不同的现代数字图像处理技术和特征提取方法，将它们以某种方式综合、集成或融合，提出智能监测技术。智能监测技术能够有效地提高监控系统的敏感性、鲁棒性、精确性，降低不确定性，准确定位故障发生的位置，估计其严重程度。因此，研究智能技术及其在监控诊断中的应用具有重要的科学理论意义和工程应用价值。围绕这一艰难而又诱人的主题，以海底电力电缆的早期、微弱和复合监测的诊断为目的，我国对智能海缆监测技术的基本原理和工程应用进行了深入扩展和应用。

沿海地区的电网系统具有整条输电线路分散性大、传输距离远等特点，地形地势复杂且特殊的岛屿环境使架空线受到诸多限制，因此海缆是岛际供电的首选。电缆从海下穿过，途经海底、荒山、孤岛等环境相对较为复杂的区域，很可能受到外界自然因素和外界作用力的影响，导致海缆路线区域出现各种事故和故障。同时，海底电力电缆由于受到施工设施、施工技术、电缆的高负荷运行、海域的复杂地质结构和海上复杂运行环境等因素的影响，常常发生海缆因局部意外受力而使电缆受损，或使运行中的海底电力电缆出现断路、短路等故障，从而带来巨大的经济损失。海缆运行环境复杂，不可控因素多，保障海缆可靠稳定运行是保障电网可靠供电的重要环节。

人工定期巡视是一种传统的保障海缆可靠运行的方式，随着海缆越来越多地应用于电力生产中，海缆运维人员就显得越来越不足，这使得供电公司在海缆运维方面面临着巨大挑战。这种人工巡视的方式具有效率低下、故障发现不及时、巡视质量不高等缺点。截至 2019 年年底，国家电网有限公司管辖海缆的总长度已超过 2000km，面对复杂的海洋气象环境和海缆检修的不便利性，海缆的安全运维面临着严峻的考验。

由于采用人工巡视的方式来监管海缆运行状态存在着许多的缺点，因此需要利用高精度传感器、信息技术和大数据等手段来改善海缆的监管状况。海缆综合智能监控系统的应用，可以改进以前人工巡视方式存在的不足，利用现代科技对海缆运行状态实现全天候监控，当有外部因素威胁到海缆安全运行时可及时发出预警信息，保证了海缆的安全运行。海缆可能遭受各种威胁，如海浪冲击、船只抛锚、外护层老化、绝缘水平降低、温升异常等，若海缆遭受损害，其修复十分费时，将耗费大量的财力和物力，对电网的安全供电造成重大负面影响，因此对海缆进行在线实时全面智能监测监控十分必要。

5.1.3 海底电力电缆监控相关技术

为保障海缆的安全运行，预防海缆遭受处力破坏（特别是船舶锚损破坏及非法作业破坏），对海面目标的识别及监控成为整个监控系统中的重要组成部分。下面对海面目标识别的相关技术作简单介绍。

为了确保在恶劣海洋环境和台风等异常气候条件下海缆的安全稳定运行，及时发现并预警海缆故障，各国进行了大量的科学研究和工程实践。

1999 年日本学者利用分布式光纤拉曼温度传感器分别对 66kV 和 6.6kV 高压海底电力电缆进行了锚害、铠装磨损和温度监测。基于光纤布里渊散射分布式测量技术是近十年来迅速发展起来的一种新型测量技术，目前在大型水库堤坝、桥梁、混凝土建筑结构的应力变化监测试验中有均有应用，在海缆监测领域尚处于理论研究和工程验证阶段。

2009 年，中国提出基于布里渊光时域反射（brillouin optical time - domain reflecto-meter，BOTDR）的海底电力电缆在线监测技术实验研究，并在实验室中完成建模，初步证明了其理论的有效性，但仍未在实际运行环境中进行应用。近年来中国依托实际工程在海底电力电缆设计、勘察、施工与保护、运行维护及试验研究等方面都取得了显著的研究成果，但对海底电力电缆分布式光纤的测温、应变和振动监测研究不多，也未对船舶锚害影响进行深入的研究。长期以来无法实现对海缆运行状态的实用化监测，主要技术瓶颈是敷设长距离海底传感光纤难度大、投入费用高，实用效果差。随着近年来光纤通信技术的快速发展，将通信光纤置入海底电力电缆内，在实现跨海电能输送的同时还可进行电网信息通信，这种新型光电复合海缆的出现为难题的破解提供了契机。

2010 年，国网福建省电力有限公司结合首条国产化 110kV 光电复合海底电力电缆工程建设，在登陆点两侧将海底电力电缆复合的通信光纤与海底电力电缆剥离分开后，与陆地输电线路上的光纤复合架空地线（optical fiber composite overhead ground wire，OPGW）光纤熔接，组成跨海电网通信通道，实现了平潭岛与全省电力专用通信网络的光纤跨海互联互通。

1. 船舶自动识别系统技术

船舶自动识别系统（automatic identification system，AIS）由岸基（基站）设施和船载设备共同组成，是一种新型的集网络技术、现代通信技术、计算机技术、电子信息显示技术为一体的数字助航系统和设备。船舶自动识别系统（AIS）诞生于 20 世纪 90 年代，由舰船、飞机的敌我识别器发展而成。AIS 配合全球定位系统（GPS）将船位、船速、改变航向率及航向等船舶动态信息结合船名、呼号、吃水及危险货物等船舶静态资料由甚高频（very high frequency，VHF）向附近水域船舶及岸台广播，使邻近船舶及岸台能及时掌握附近海面所有船舶的动静态资讯，并能立刻互相通话协调，采取必要避让行动，有效保障船舶航行安全。

AIS 用于海面船舶目标监控，优点是监控范围广、目标信息准确，缺点是信息发送频率与船舶航行状态有关，实时性较差。船载 AIS 基本构成如图 5-2 所示，AIS 在雷达中的显示如图 5-3 所示。

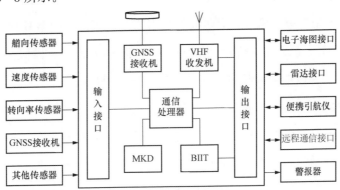

图 5-2　船载 AIS 基本构成

MKD：最小（简易）键盘和显示单元；BIIT：测试装置。

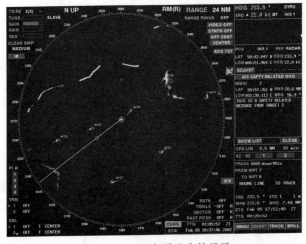

图 5-3　AIS 在雷达中的显示

（1）AIS的优势。自动，通信可靠，无气象海况影响、干扰，基本无盲区，作用距离范围大，可实现海岸覆盖。精度高，分辨能力强，跟踪稳定，能进行安全短消息沟通协调避碰行动。无录取容量限制，无目标交换。图标显示能实现漫游/缩放。无处理延时，在2~3.33s反映目标的行动路径，能应付多船、快速逼近、机动频繁等情况。

（2）AIS局限性。不显示岛屿、岸线和导航标志，目标易丢失。信息更新间隔不低于雷达扫描周期。无法提供完整或正确的交通信息和态势。对地航向/对地航速（COG/SOG）不能直接用于避碰，应参考目标的船首向，但500Gt以下船舶可能无船首向指示。当显示船首向"NOT AVAILABLE"时，驾驶员应提高警惕。

AIS不应作为唯一避碰装置，应与其他避碰方法结合，协助驾驶员判断碰撞危险。

2. 雷达检测技术

雷达检测技术实质上是一种高频电磁波发射与接收技术。雷达波由自身激振产生，直接向路面路基发射射频电磁波，通过波的反射与接收获得路面路基的采样信号，再经过硬件、软件及图文显示系统得到检测结果。雷达所用的采样频率一般为数兆赫（MHz），而发射与接收的射频频率有的要达到吉赫（GHz）。

由于雷达检测技术具有无损、快速、简易、精度高等突出优点，我国于20世纪90年代开始应用于公路工程施工和养护质量的监控以及水泥路面路基状态检测中。射频电磁波是依靠一种特制的固体共振腔获得。雷达波虽然频率很高、波长很短，但同样遵守波的传播规律，即有入射、反射、折射与衰变等传播特点，人们正是利用这些特点为公路工程质量监控和状态检测服务，以满足无损、快速、高精度的检测要求。

用于水泥路面路基状态检测的探地雷达主要由天线、发射机、接收机、信号处理和终端设备（计算机）等组成。探地雷达检测是利用高频电磁波以宽频带短脉冲的形式进行，其工作过程是由置于地面的发射天线给地下发送高频电磁脉冲波，地层系统的结构层可以根据其电磁特性（如介电常数）来区分，当相邻的结构层材料的电磁特性不同时，就会在其界面间影响射频信号的传播，发生透射和反射。一部分电磁波能量被界面反射回来，另一部分能量会继续穿透界面而进入下一层介质材料。电磁波在地层系统的传播过程中，每遇到不同的结构层就会在层间界面发生透射和反射。由于介质材料对电磁波信号有损耗作用，所以透射的雷达信号会越来越弱。各界面反射电磁波由天线中的接收器接收，并由主机记录，利用采样技术将其转化为数字信号进行处理。从测试结果剖面图得到从发射经地下界面反射回到接收天线的双程时间 t，当地下介质材料的波速已知时，可根据测到的精确值求得目标体的位置和深度。这样，可对各测点进行快速连续的探测，并根据反射波组的波形与强度特征，通过数据处理得到探地雷达剖面图像。通过多条测线的探测，即可知道场地目标的平面分布情况。通过对电磁波反射信号（即回波信号）的时频特征、振幅特征、相位特征等进行分析，便能得知地层的特征信息——介电常数、层厚与空洞等。

3. 视频监控技术

视频监控（cameras and surveillance）包括前端摄像机、传输线缆、视频监控平台。摄像机可分为网络数字摄像机和模拟摄像机，可作为前端视频图像信号的采集。完整的视频监控系统是由摄像、传输、控制、显示、记录登记 5 大部分组成。摄像机通过网络线缆或同轴视频电缆将视频图像传输到控制主机，控制主机再将视频信号分配到各监视器及录像设备，同时可将需要传输的语音信号同步录入到录像机内。通过控制主机操作人员可发出指令，对云台的上、下、左、右动作进行控制及对镜头进行调焦变倍的操作，并可通过视频矩阵实现多路摄像机的切换。利用特殊的录像处理模式还可对图像进行录入、回放、调出及储存等操作。

海面目标监控采用视频监控技术，可以实时观测目标形态、运行状态等信号，并对目标行为进行直观监控和取证。其优点是实时性好、直观，缺点是观测距离近、易受天气影响，无法全天候工作。

4. 甚高频通信技术

甚高频通信系统是移动无线电通信的一个重要系统，用于民用航空及海事近距离通信。其通信方式以话音、图像、数据为媒体，通过光或电信号将信息传输到另一方。甚高频通信系统天线是辐射和接收射频信号的装置，天线通常是刀形天线，长度为 12in。天线与发射电路的阻抗是匹配的，天线通过同轴电缆与甚高频收发组件相连，甚高频发射机的输出阻抗为 50Ω。当甚高频电台天线受潮或者绝缘不良时会使发射机输出功率降低，通信距离缩短。甚高频通信是水上移动无线电通信中的一个重要系统，用于近距离通信。其工作频段是 156～174MHz，属于甚高频频段。甚高频电台是 GMDSS 中 A1 航区的主要通信设备，是完成现场通信的主要手段，也是完成驾驶台与驾驶台间通信的唯一手段。

20 世纪 70 年代末，甚高频通信技术发展迅速，在港口生产中得到广泛应用。1976

年，交通部颁发《关于外轮使用甚高频无线电话暂行办法》，该办法确定为改进港口与外轮的通信联络，经国务院批准，对外开放港口可向外轮开放甚高频无线电话业务。1988 年 SOLAS 公约修正案要求，所有总吨位在 300 总吨以上的船舶必须配备甚高频电台。截至 2005 年年底，甚高频设备已成为海上船舶普及率最高的通信设备，几乎所有的商船、渔船、公务船、游艇和救生艇都配备甚高频设备，甚高频通信是沿海 25 海里以内船舶安全航行的最为重要的通信保证，是海区沿岸近距离船舶安全通信不可替代的通信手段。VHF 控制中心以及案台结构图如图 5 - 4 所示。

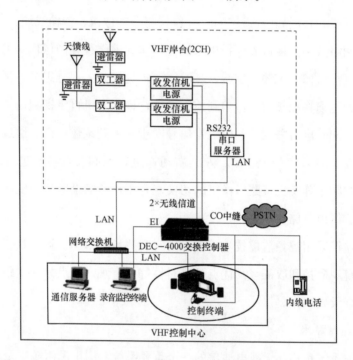

图 5 - 4 VHF 控制中心以及案台结构图

5.1.4　海底电力电缆智能化监控系统要求

　　随着构建全球能源互联网的战略实施和海上风电等清洁能源的大规模开发利用，海缆在跨海跨洋能源、信息互联互通上的作用将越来越大。利用目前广泛应用的光电复合海缆的光纤作为分布式传感元器件，实现对海缆运行状态在线监测和故障诊断预警的技术研究，将是光纤在传感技术领域又一里程碑式的应用创举。基于当前各类前端感知技术，结合各类技术的优点，对海面目标进行多维度的探测感知，各技术优势互补完成对海面目标的准确感知；利用先进通信技术、大数据分析技术，结合 GIS 实现对海缆的智能监控，有效防止外力破坏现象的出现，保障海缆的安全运行。甚至利用当前先进的探测技术进行海底环境还原,利用 Maya、Unity3D 三维引擎建模技术、传感技术、集成技术、通信技术等,使海缆线路实现自动化、智能化的全过程感知以及三维可视化。利用升级后的三维可视化海缆运检综合平台,输电运检人员可远程开展输电运检实时监控预警,在技术及业务推进方面多部门协同联动,通过对数据库数据的加密存储、访问控制增强、权限隔离以及三权分立等实现数据高度安全、应用完全透明、密文高效访问等技术特点,优化传统输电运检模式,提升平台的智能水平。三维可视化海缆智能监测平台结构图如图 5-5 所示。

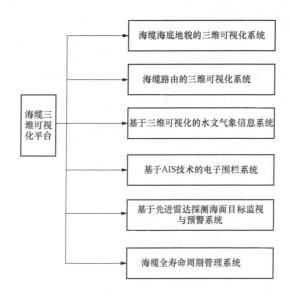

图 5-5　三维可视化海缆智能监测平台结构图

5.2　海底电力电缆综合智能监控系统的构成

5.2.1　系统概述

海底电力电缆综合智能监控系统是一个集合多种类目标探测传感器(雷达、AIS、CCTV、VHF 等)及通信设备,对海面内的各类关注目标进行多维度探测感知与大数据分析,并为相关管理者提供目标态势图预警监视及多层次辅助分析决策与指挥调度管理的智能化探测与监管系统。海底电力电缆广泛应用于岛屿供电、近海风电场、海上石油平台供电和跨越江河海峡短程供电等。舟山市由 1390 个岛屿组成,特殊的群岛地理环境决定了舟山电网必须通过大量的海底电缆来实现电能传输。截至 2012 年 2 月底,舟山的输、配电海缆已达 48 段，回路长度超过 260km。海缆的可靠运行不仅决定了电网的安全和稳定，而且也直接关系到社会、经济的发展。大部分海底电力电缆的故障都是由渔具和锚的伤害造成的。根据海缆的运行维护得出，舟山海域海缆锚损故障占海缆故障的 90％以上。

针对国网港区海缆区界船舶抛锚、起锚、挖沙等人为因素造成海缆损伤事故频发的问题，采用船舶自动识别（AIS）技术、甚高频（VHF）通信技术、海事雷达技术以及 AIS 数据，结合电子海图可视化等技术建立新型、全方位、可视化海缆区界防护系统。该系统由 AIS 基站、AIS 监控报警可视化系统、VHF 电台系统、海事雷达监测系统以及传输网络组成。

采用 AIS 技术可实现船舶、船岸间的信息自动交换，如船舶标识、位置、航向、航速等航行信息。系统通过 AIS 基站实时接收海缆区界及其周边内装有 AIS 船舶的运行位置与状态信息，如水上移动通信业务标识码、经纬度、速度、航向、时间等，并通过有线网络将 AIS 数据实时传输至 AIS 监控报警系统，由后者进行存储、显示等处理。

AIS 监控报警可视化系统采用电子海图和 AIS 数据相结合的方式，实现对船舶监控、报警和可视化等功能。一是采用 GPS/北斗定位技术，在电子海图上建立港区海缆区界警戒范围；二是对接收的 AIS 数据进行解析处理，通过区域检测算法和船速检测算法发现海缆区界有显著减速和逗留行为的船舶，对有抛锚或挖沙可能性的船舶自动触发报警管理模块，该模块记录监测区域内所有 AIS 船舶的航行轨迹数据，并提供 AIS 轨迹回放功能，为海缆事故后续定责和赔偿提供证据；三是可视化系统基于图形库、静态场景（海图）和动态目标（船舶、轨迹）的渲染流程、磁盘和内存数据调度拟采用多重优化策略，实现电子海图和 AIS 目标的航迹、航向高速实时绘制，预期在保持高效显示的同时减少对 CPU 和内存的占用。

甚高频通信电台是水上移动无线电通信中的重要系统，用于近距离通信，其工作频段为 156～174 MHz，是 A1 海区（指至少由一个具有连续 DSC 报警能力的甚高频岸台的无线电话所覆盖的区域，大约 25 海里）的主要通信设备，是完成现场通信的主要方式，也是完成驾驶台与驾驶台间船舶安全业务的唯一通信方法。本系统船岸配备 VHF/DSC 通信设备，根据新型全方位可视化海缆区界防护系统分析的结果，实现与闯入船舶电台的通信联系，并发出警告和驱离信号。系统构成图如图 5-6 所示。

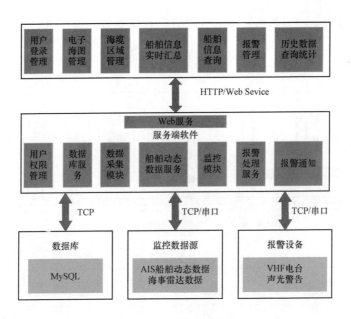

图 5-6　系统构成图

对于未安装或未开启 AIS 的船舶,可通过海事雷达监测系统实时扫描和监视海缆区界来往船舶的动态航行信息,从而保证监测区域内的全面覆盖。

AIS、VHF 通信电台、海事雷达监测系统之间的数据传递和共享由传输网络负责,传输网络还负责实现监控中心服务器与客户端之间的信息传递。

采用以上技术构建的新型全方位可视化海缆区界防护系统,可实现港区海缆区界海图和 AIS 船舶移动目标可视化,并对闯入船舶具有自动防护报警功能,可有效发现和防止人为因素导致海缆事故的发生,为事故排查和定责提供手段。系统示意图如图 5-7所示。

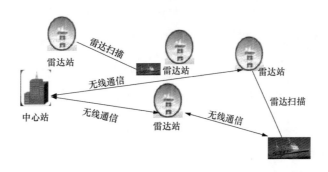

图 5-7　系统示意图

该系统多源感知信息系统基于多级(有线或无线)网络架构搭建,系统布局分为若干前端探测站（点）、网络数据传输系统、后端数据服务中心三大部分。典型系统网络拓扑结构如图 5-8 所示。

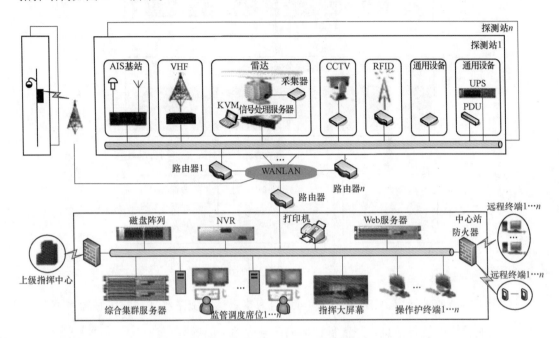

图 5-8　典型系统网络拓扑结构

该系统可根据实际的探测需要，以网络接入的方式有选择地连入包括水体、水面目标等不同种类和数量的分布式探测传感器对目标特征进行采集。各类分布式前端探测站/点均在无人值守下工作。前端的各类探测数据通过网络汇总至探测中心站后，由部署在中心的综合数据处理系统（软件）进行探测数据的融合与大数据分析，最后依照各探测监管部门的行业习惯和管理意图将各类探测及预警信息以图形、表格或文本等多种形式呈现给管理者，这些信息包括海图背景下的目标跟踪态势图、触发各类报警的目标信息、特殊目标的航行路线规划及调度指示、监视视频画面以及探测分析图表、预警辅助决策建议信息等。此外，借助中心的管理平台软件，用户还可远程操控和管理整个系统中的所有设备，并可借助 AIS、VHF 实现对管理对象（船舶）的航行路线规划、调度管理及双向实时信息交互。

5.2.2　系统分层结构

针对海缆区界海缆保护过往方式单一、防护模式存在的不足，可视化软件系统向国网港区管理部门提供海缆管理、船位监控管理、报警管理、报警回放等信息服务功能，实现海缆区界海图和 AIS 船舶移动目标可视化。新型全方位可视化海缆区界防护系统通

过 AIS、雷达等手段获取特定海域的船舶航行信息，通过后台软件分析、算法判断船舶
是否有抛锚停靠的可能，并自动通过甚高频电台对进入监控区域的船舶进行喊话，提醒
其进入了监控海域，不要做有害海缆的动作。系统整体架构如图 5-9 所示。

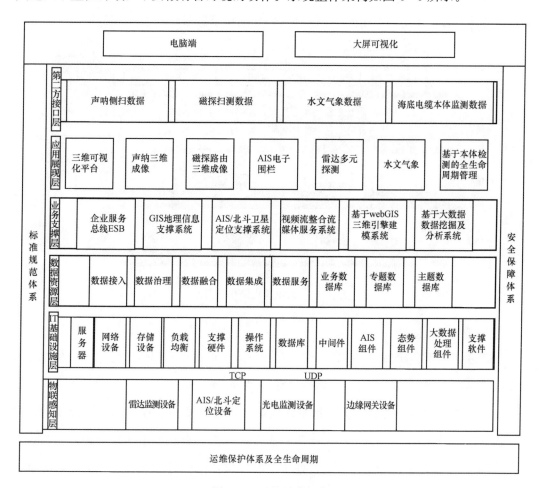

图 5-9　系统整体架构

　　系统在监控海域岸基部署 AIS 接收机，接收经过其海域船舶的 AIS 信息，以获取船
舶的 GPS 坐标、呼号、船舶编号、出发地和目的地等。为了避免有些船舶故意关闭 AIS
而导致消息漏检，系统增加雷达对监控海域进行扫描，将船舶信息和 AIS 信息进行融
合，以增加系统监控的准确度，尽量捕获进入监控海域的船舶信息，并将 2 个来源的信
息进行互补和校正。通过边界定位算法确定进入监控海域的船舶，系统对这些船舶进行
特殊跟踪，其中包括检测船舶的异常活动，例如将速度减慢乃至停止或者 AIS 信息消失
等作为特殊关注的情况，监测到此情况时应发出警报，通知人工介入，并自动使用服务
器的警报模块通过甚高频电台呼叫可能有问题的船舶。当电缆被破坏时，系统可以根据

破坏的时间，在本系统查找问题出现时监控区域内部的船舶信息，并可通过事件信息定位到具体船舶，以保证追责的准确性。

海底电力电缆综合智能监控系统按照数据信息流的传递顺序依次划分为感知层、传输层、支撑层及应用层四个功能层次。系统层次结构示意图如图 5-10 所示。

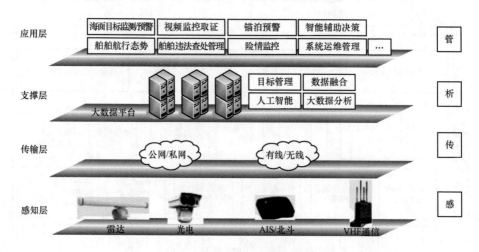

图 5-10　系统层次结构示意图

1. 感知层

感知层的各类传感器均支持网络接入连接方式，可选择的传感器包括 X 波段水面探测雷达、AIS 基站、CCTV 云台摄像机（红外/激光/光学）。

（1）X 波段水面探测雷达。可用雷达探测水面各类船只、漂浮物、大面积油污块以及浪高等。船用导航雷达可用于探测海面目标并提供直观清晰的目标距离与方位数据，可根据需要设置预警带并告警，便于船舶规避危险障碍物及船舶在天气较差和夜间行驶等状况提供导航，它在船用电子中占据着重要的位置。导航雷达常用波段有 S 波段（3GHz）和 X 波段（12GHz）两个，前者较常用于大型船舶，现今导航雷达主流波段是采用 X 波段。雷达多采用非相参脉冲幅度调制，采用单片机或 ARM 控制形式对收、发系统进行信息处理和控制，能够提升数据处理能力，便于雷达组网和控制，降低成本单元成本，同时也能满足小型化、轻型化要求。雷达应用框架图如图 5-11 所示。

（2）AIS 基站。可实时接收船只目标的 AIS 信息，包括经/纬度、航向、航速、船名、识别码、船型、呼号、吃水深度、目的地、货物种类等信息，也可向所管辖水域内的船只发送 AIS 广播信息。

（3）CCTV 云台摄像机（红外/激光/光学）。具有夜视、透雾能力，可手动或受雷达引导自动跟踪抓拍、摄录关注的船只目标。在选用云台时，最好选用在云台固定不动的位置上安装有控制输入端及网络视频输入输出端接口的云台，并且在固定部位与转动部位之间（即与摄像机之间）有用软螺旋线形成的摄像机及镜头的控制输入线和视频输出线的连线，这样的云台安装使用后不会因长期使用导致转动部分连线损坏，特别是室外用的云台更应如此。

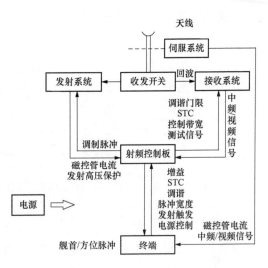

图 5-11　雷达应用框架图

监视场所的最低环境照度，应高于摄像机要求最低照度（灵敏度）的 10 倍。设置在室外或者环境照度较低的彩色摄像机，其灵敏度不应大于 $1.01x$（F1.4），或者应选用在低照度时能自动转换为黑白图像的彩色摄像机。云台摄像机参考图如图 5-12 所示。

图 5-12　云台摄像机参照图

2. 传输层

传输层位于应用层和网络层之间。它在两个应用层之间提供进程到进程的服务，一个进程在本地主机，另一个在远程主机。传输层使用逻辑连接提供通信，意味着两个应用层可以位于地球上的不同位置，假设两个应用层之间存在一条想象的直接连接，通过这条连接它们可以发送和接收数据。目前可依托电力信息专网、移动运营网电力专网等信息传输通道，将前端站探测信息传输至中心站进行信息处理。从通信和信息处理的角度看，传输层向它上面的应用层提供通信服务，因此传输层属于面向通信部分的最高层，同时也是用户功能中的最低层。

传输层协议是在端系统中，而不是在路由器中实现的。传输层协议要提供端到端的错误恢复与流量控制，从而对网络层出现的丢包、乱序或重复等问题作出反应。

传输层具有扩展网络层服务功能，能为高层提供可靠数据传输，即它是资源子网与通信子网的界面与桥梁。传输层的逻辑通信如图 5-13 所示。

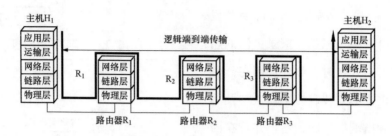

图 5-13　传输层的逻辑通信

3. 支撑层与应用层

支撑层及应用层的各软件功能模块均采用组件形式进行封装，可依据现在及将来的管理需求进行组合及扩展升级。这两个层面的软件构成了整个监测系统的数据处理中心和指挥监控中心。

来自各种类分布式探测传感器的探测数据通过各种数据传送形式汇聚到中心站，由该综合数据处理软件进行数据融合、大数据分析，并最终将探测区域内的各类识别到的目标运动状态叠加在海图背景上以态势图的形式呈现给用户。

同时，为了丰富用户的监管手段，系统还可为操作者提供对水面目标的手动或自动 CCTV 视频抓拍取证操作控制、各类探测数据的存储及回放、系统设备的远程操控及维护管理等多种子功能项。此外，该平台还支持以扩展功能插件的形式不断扩充新的功能项。

5.3　系统前端站主要数据处理技术

5.3.1　雷达数据采集及预处理

1. 雷达特性

雷达的种类繁多，分类的方法也非常复杂，一般为军用雷达。按照雷达的用途可将其分为预警雷达、搜索警戒雷达、引导指挥雷达、炮瞄雷达、测高雷达、战场监视雷达、机载雷达、无线电测高雷达、雷达引信、气象雷达、航行管制雷达、导航雷达以及防撞和敌我识别雷达等。雷达分类如下：

（1）按照雷达信号形式分类，有脉冲雷达、连续波雷达、脉部压缩雷达和频率捷变雷达等。

（2）按照角跟踪方式分类，有单脉冲雷达、圆锥扫描雷达和隐蔽圆锥扫描雷达等。

（3）按照目标测量的参数分类，有测高雷达、二坐标雷达、三坐标雷达和敌我识别雷达、多站雷达等。

（4）按照雷达采用的技术和信号处理的方式分类，有相参积累和非相参积累雷达、动目标显示雷达、动目标检测雷达、脉冲多普勒雷达、合成孔径雷达、边扫描边跟踪雷达。

（5）按照天线扫描方式分类，有机械扫描雷达、相控阵雷达等。

（6）按雷达频段分，有超视距雷达、微波雷达、毫米波雷达以及激光雷达等。

其中，相控阵雷达又称作相位阵列雷达，是一种以改变雷达波相位来改变波束方向的雷达，由于该雷达是以电子方式控制波束而非传统的机械转动天线面方式，故又称为电子扫描雷达，该雷达早在 20 世纪 30 年代后期就已经出现。1937 年，美国首先开始这项研究工作，但一直到 20 世纪 50 年代中期才研制出 2 部实用型舰载相控阵雷达。20 世纪 80 年代，相控阵雷达由于具有很多独特的优点，得到了更进一步的应用，在已装备和正在研制的新一代中、远程防空导弹武器系统中多采用多功能相控阵雷达，大大提高了防空导弹武器系统的作战性能，因此其已成为第三代中、远程防空导弹武器系统的一个重要标志。在 21 世纪，随着科技的不断发展，相控阵雷达结合现代战争兵器的特点，其制造和研究将会更上一层楼。

海底电力电缆综合智能监控系统中配置了全固态多普勒体制水域探测雷达，与常规的磁控管雷达相比，该雷达无须开机预热和定期更换发射管，真正做到了功率管的免维护。同时，该雷达采用脉冲压缩技术，兼具传统脉冲和 FMCW 宽带雷达系统的最佳特性，实现了长短探测量程、高目标分辨率以及低杂波影响的完美融合。而其超低的电磁发射功率则又使该雷达更为安全、更加"绿色"。该型雷达具备自由的组网功能，能完成大范围雷达探测任务。固态脉冲雷达如图 5 - 14 所示。

图 5 - 14　固态脉冲雷达

最早用于搜索雷达的电磁波长度为 23cm，这一波段被雷达传感器定义为 L（Long 的字头）波段，后来这一波段的中心波长度变为 22cm。当波长为 10cm 的电磁波被使用后，其波段被定义为 S（Short 的字头，意为比原有波长短的电磁波）波段。在主要使用 3cm 电磁波的火控雷达出现后，3cm 波长的电磁波被称为 X 波段，因为 X 代表坐标上的某点。为了结合 X 波段和 S 波段的优点，逐渐出现了使用中心波长为 5cm 的雷达，该波段被称为 C（Compromise 的字头）波段。

在英国人之后，德国人也开始独立开发自己的雷达，他们选择 1.5cm 作为自己雷达的中心波长。这一波长的电磁波就被称为 K 波段（Kurz 的字头，德语表示短）波段，但该波长可以被水蒸气强烈吸收，因此这一波段的雷达不能在雨雾天气使用。战后设计的雷达为了避免这一吸收峰，通常使用频率略高于 K 波段的 Ka（K‑above，意为在 K 波段之上）波段和略低 K 波段的 Ku（K‑under，意为在 K 波段之下）波段。最后，由于最早的雷达使用的是米波，这一波段被称为 P（Previous 的字头）波段。该系统十分烦琐，而且使用不便。终于被一个以实际波长划分的波分波段系统取代，这两个系统的换算如下：

原 P 波段＝现 A/B 波段

原 L 波段＝现 C/D 波段

原 S 波段＝现 E/F 波段

原 C 波段＝现 G/H 波段

原 X 波段＝现 I/J 波段

原 K 波段＝现 K 波段

2. 雷达视频至目标航迹处理

毫米波雷达分辨率高，具有全天时、全天候的工作能力，这些优点很好地迎合了现代社会民用的需求。摄像头作为一种低成本、高性能的传感器，具有安装便利、功能齐全且可以根据需求定制开发的优势。毫米波雷达和摄像头作为两种功能强大的传感器，通过信息融合可以在数据相互验证的基础上实现信息互补，在增强数据可靠性的同时获得对目标更全面的描述。雷达从接收到回波信号到雷达目标确认、航迹形成需要经过一系列处理过程，雷达数据处理流程示意图如图 5‑15 所示。

其中，预处理主要实现数据位宽及采样处理单元数的匹配，以适应统一的处理模型；LUT 为查找表处理，以实现一个基本的统一化门限处理；FTC 为快速时间常数控制处理，它是一种以设定处理窗方式对大范围低频杂波进行抑制处理的高通滤波器，可

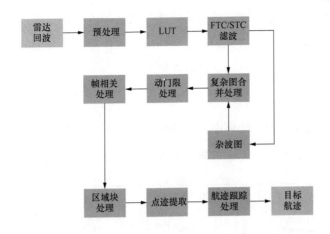

图 5 - 15　雷达数据处理流程示意图

弱化大范围雨杂波对雷达目标回波的影响；STC 为灵敏度时间常数控制处理，它会随探测距离的变化构造出一条对数曲线作为回波强度门限控制，以抵消目标距离所引起的回波强弱变化影响，其最大的价值在于消除近区海杂波；杂波图的价值在于通过动态建立的杂波图来抵消当前的探测回波图像，以进一步削弱动态海杂波的影响；复杂图合并处理主要对多雷达涉及的复杂区域图形进行图像匹配、精度调整等处理；动门限处理相当于一个恒虚警处理，以开窗动态计算目标信号强度门限的方式将虚警率控制在一个有限的范围内，同时实现一定的杂波一致；帧相关处理在于通过判定多帧之间信号的相关性来提取目标回波并抑制不相关的海杂波，以减少无规律的杂波影响；区域块处理可通过设定任意多边形划定雷达目标处理区、屏蔽区等，以限定雷达目标提取的处理范围；点迹提取用于提取目标回波轮廓，并凝聚为一个目标点；航迹跟踪处理用于实现对目标的发现、起批、跟踪和探测上报。

通过视觉，人脑可以感知现实物体的大小、组成结构、明暗、颜色、动向等信息。据统计，人脑日常处理信息中有 75%～85%属于视觉范畴，视觉可以感知到复杂丰富的信息。在社会的信息传播中，视频图像信息占据了十分重要的位置，各种形式和用途的图像和视频设备随处可见，几乎覆盖了社会生活的方方面面。摄像头价格低廉、架设简单、信息丰富，且随着视频、图像检测、跟踪、分类和识别等技术的兴起和成熟，这些优点使摄像头很容易被集成到智能系统中。在雷达和视频融合系统中，从视频数据中提取所需信息是不可缺少的关键一环。视频所包含的信息比雷达更丰富，通过进一步处理，从视频中挖掘出更多信息的可行性更强。在雷达和视频融合系统中，需要在视频检测到的运动前景目标和雷达检测到的运动目标数据之间进行相互验证，去除虚假报警数据，划定共同的感兴趣区域。最后需要在视频图像上标注这些共同的感兴趣区域，并利用视频图像对感兴趣区域进行目标的分类。

3. 雷达海杂波处理技术

对海监测雷达的目标识别计算中，杂波处理是一项关键技术。以下简要介绍雷达杂波处理的方式方法。雷达海杂波处理流程示意图如图 5-16 所示。

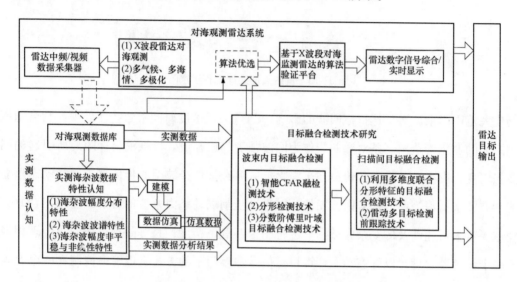

图 5-16　雷达海杂波处理流程示意图

雷达海杂波处理技术包括雷达海杂波特性认知技术、对海雷达目标融合检测技术、对海雷达目标融合检测技术工程开发平台三部分内容。其中，首先要从海杂波幅度分布特性、海杂波幅度非平稳与非线性特性以及海杂波波谱特性的分析与建模这三个方面进行设计；其次，根据波束内处理与扫描间处理的不同分为两大块，并又进一步细分为智能 CFAR 融合检测技术、分形检测技术、分数阶傅里叶域目标融合检测技术、利用多维度联合分形特征的目标融合检测技术以及雷达多目标检测前跟踪技术五个方面；再次，对海监测雷达目标融合检测技术工程开发平台主要由对海目标探测外场试验平台、对海雷达目标数据采集系统、融合检测实时信号处理系统、目标融合检测算法开发与调试软件以及全域自动跟踪模块等五部分组成。

（1）从"非高斯、非平稳、非线性"的角度实现雷达海杂波特性认知技术。针对高海情、低擦地角条件下，海杂波幅度分布严重偏离高斯分布而出现重拖尾的情况，分析了重拖尾的形成机理，并结合广义中心极限定理，创建了海杂波幅度分布的拖尾瑞利分布模型。

针对非平稳条件下传统分形分析技术难以适用的问题，运用了适用于非平稳条件的基于消除趋势波动分析方法的分形标度特性认知技术。针对现有海杂波谱模型的尾部建模误差较大，且无法反映海杂波谱与噪声谱之间过渡区的性质这一情况，采用谐波建模方法，创建了海杂波多普勒谱谐波模型；同时，针对海表面时变因素导致的海杂波谱非平稳特性，结合实测数据，系统分析了谱的时变特性及其与海杂波幅度特性的关联关系。

（2）从不同层次和多个研究方向开发海杂波中的目标融合检测技术。根据积累层次的不同，将所开发的目标融合检测技术分为波束内目标融合检测技术和扫描间目标融合检测技术。前者通过融合处理一个波束宽度内的若干个脉冲来形成检验统计量，主要从智能 CFAR 融合检测技术、分数阶傅里叶域目标融合检测技术以及利用多维度联合分形特征的目标融合检测技术等方面展开研究；后者通过融合处理多个扫描帧的数据来形成检验统计量，主要研究了可观测运动目标群的检测前跟踪技术。所研究的目标融合检测算法都包含了抑制海杂波与形成检验统计量两个步骤，通过脉冲间、扫描间或空间的信息融合处理来改善信杂比，进而获得良好的目标检测性能。

4. 雷达假目标处理技术

（1）镜像假回波。如果距离雷达天线较近处存在一个较大的金属反射体（如大型金属广告牌、铁塔等），当雷达天线扫描指向该反射体时，电磁波的传播路径会被该反射体反射而朝向非雷达天线指向的另一个方向传播，当在该方向上接收到雷达回波时，雷达会错误地将该目标回波定位在雷达天线指向方向上，从而出现错误的镜像回波，即镜像假回波。镜像假回波示意图如图 5-17 所示。

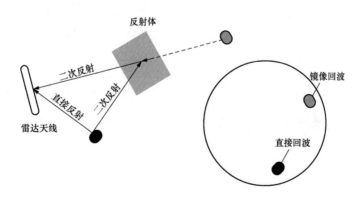

图 5-17　镜像假回波示意图

通常情况下，镜像假回波的出现都很短暂，当运动目标驶离构成反射的路径时，假回波即刻消失。针对该类假回波通常可采取两种抑制手段：①增大起批探测点数，以抑制短暂产生的目标回波；②通过实际的探测分析，对形成镜像反射的路径进行标记，一旦发现在直接反射路径和二次反射路径上同时存在目标时，可直接删除反射路径上的假目标。

（2）多重假回波。如果雷达架设高度偏低（10m 以下），当附近（通常在 1km 内）驶来一艘大船并在雷达前形成一个较强的垂直反射面时，由天线发出的电磁波会在该目标船与雷达架设点之间来回形成多次反射，形成 2～4 个呈衰减趋势排列的等距回波组，其特点为沿单一方向、间隔如一、移动一致、随距离的增加强度逐渐减小。多重假回波示意图如图 5-18 所示。

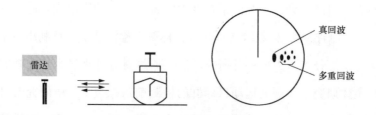

图 5-18　多重假回波示意图

通常，我们可以采取对近区大目标增大其尾部相关区范围的方法来避免生成多重假回波。另外，我们也可利用中心站的二次融合手段通过其他雷达或 AIS 的探测结果来纠正对假目标的识别。

（3）旁瓣假回波。通过天线旁瓣辐射出去的电磁波引起的目标回波称为旁瓣回波，该类回波看上去相连且基本处于同一距离环上。一般来说，该类假回波目标往往离雷达

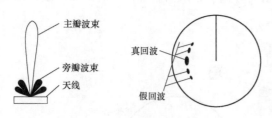

较近，天线旁瓣的电磁波能量足以产生目标回波。我们可通过适当减小雷达增益来加以抑制。旁瓣假回波示意图如图 5-19 所示。

图 5-19　旁瓣假回波示意图

对以上几种虚假目标情况进行雷达目标识别算法优化及参数调整，可提高雷达目标识别的准确率，强化雷达监测系统目标监测的效果。

5.3.2　AIS 与雷达目标关联技术

为了提高融合系统的精度和可靠性，对于雷达和 AIS 量测的数据在录取、传输的过程中由于受到操作或记录的过失以及探测环境的变化等原因产生的一些不合理或具有巨大误差的数据需要进行过滤处理。粗大误差数据进行滤波处理后，由于雷达和 AIS 对目

标位置的描述方式不同，雷达一般采用的是极坐标系而 AIS 采用的是大地坐标，因此需要将两者进行坐标统一。考虑到雷达和 AIS 对目标的观测周期不同，即信息更新率不同，所以还需要对雷达和 AIS 跟踪航迹信息进行时间对准。

为达到对海面目标的全面监视（包括对无 AIS 信息船舶的监视），对 AIS 与雷达这两个传感器所获得的目标航迹进行融合数据处理。AIS 与雷达两者融合可达到优势互补，提高目标位置信息的精度与可靠性，从而进一步提高船舶航行安全，同时减轻使用人员的信息过载负担。国内外专家学者也提出了融合的必要性并做过相关研究。

海底电力电缆综合智能监控系统采用多因素模糊综合判决的方法进行 AIS 与雷达的航迹关联的计算，其目的是把影响目标位置信息的多种因素加以综合考虑，力求更准确，并对其关联的算法进行了计算机仿真验证。目标船 AIS 播发的目标位置信息是经度与纬度，且信息播发间隔随着船舶的航行状态（速度）的不同而不同，而雷达探测目标位置的信息是距离与舷角。为此，应进行时空统一性的转换，本系统时间以 GPS 的 UTC 为基准，空间采用以本船为原点的直角坐标系，y 轴为正北方向，x 轴与 y 轴垂直。

以下对目标融合的算法作简单介绍。

1. 目标距离间、方位间的欧氏距离矩阵

假设在某水域：本船接收到 AIS 目标的航迹 i 有 M 个，即 $i=1，2，\cdots，M$；本船雷达探测到目标的航迹 j 有 N 个，即 $j=1，2，\cdots，N$；且 $N>M$。k 为不同的观测时刻，即 $k=1，2，\cdots，L$（L 为观测的次数）。则在 k 时刻，第 i 个 AIS 目标与第 j 个雷达目标距离间、方位间的欧氏距离（位置之差）$\Delta x_{ij}(k)$，$\Delta y_{ij}(k)$ 矩阵如下：

$$\Delta x_{ij}(k) = |x_{ai}(k) - x_{rj}(k)| \tag{5-1}$$

$$\Delta y_{ij}(k) = |y_{ai}(k) - y_{rj}(k)|$$

2. 模糊因素集的确定

$\Delta x_{ij}(k)$，$\Delta y_{ij}(k)$ 直角坐标系可转换为极坐标系的目标距离与舷角的欧氏距离矩阵的因素集 $u(g)_{ij}(k)$，转换关系见式（5-2），其中 g 为因数的个数。

$$u(1)_{ij}(k) = |(\Delta x_{ij}(k))^2 - (\Delta y_{ij}(k))^2| \tag{5-2}$$

$$u(2)_{ij}(k) = \tan\frac{\Delta y_{ij}(k)}{\Delta x_{ij}(k)}$$

式中　$u(1)_{ij}(k)$——AIS 与雷达目标距离的欧氏距离矩阵的因素集；

　　　$u(2)_{ij}(k)$——AIS 与雷达目标舷角的欧氏距离矩阵的因素集。

模糊评判集的确定：如果把两个航迹关联的结果分为 m 级别，则由这些结果构成的集合被称为评价集，记为

$$V = \{v_1 + v_1 + \cdots + v_p\} \tag{5-3}$$

式中　v_h——第 p 个级别的评判结果，其中 $h = 1, 2, \cdots, p$。

对于任意航迹的评判结果，实际上是 V 上的一个模糊子集。在评价关联时，主要对目标航迹是否关联感兴趣。基于实际应用的角度以及问题简化处理的考虑，选择评价集的级别数 $h = 2$，其中 v_1 表示关联，v_2 表示不关联，即 V = ｛关联，不关联｝，当然也可取之不同的评价种类，如｛肯定关联，关联，可能关联，可能不关联，不关联｝等。

3. 单因素模糊评判矩阵的确定

在直积集 U×V 上定义的从 U 到 V 的单因素模糊评判矩阵为

$$R = (r_{gh}) = \begin{bmatrix} r_{11} & r_{12} \\ r_{21} & r_{22} \end{bmatrix} \tag{5-4}$$

式中　r_{gh}——考虑第 g 个因素时，两航迹关联得到第 h 种结果的可能程度，其中 $g = 1, 2; h = 1, 2$。

　　　　r_{11}——距离关联的隶属度。

　　　　r_{12}——距离不关联的隶属度。

　　　　r_{21}——舷角关联的隶属度。

　　　　r_{22}——舷角不关联的隶属度。

根据航迹关联中模糊因素的特点，可采用的隶属度有正态型分布、哥西型分布、居中型分布等，本文选择正态型隶属度函数。当评价级别 $h = 2$ 时，基于第 g 个因素判决两航迹相似的正态型隶属度为

$$\begin{cases} (r_{g1}(k))_{ij} = \exp\{-\tau_g(u^2(g)_{ij}(k)/\sigma_g^2)\} \\ (r_{g2})_{ij} = 1 - \exp\{-\tau_g(u^2(g)_{ij}(k)/\sigma_g^2)\} \end{cases} \tag{5-5}$$

式中　$g = 1, 2; i = 1, 2, \cdots, M$。

　　　　$j = 1, 2, \cdots, N$。

　　　　$k = 1, 2, \cdots, L$。

单因素模糊评判矩阵

$$(R(k))_{ij} = \begin{bmatrix} (r_{11}(k))_{ij} & (r_{12}(k))_{ij} \\ (r_{21}(k))_{ij} & (r_{22}(k))_{ij} \end{bmatrix} \tag{5-6}$$

4．关联质量与脱离质量

为了把航迹关联与历史联系起来，需要定义航迹关联与脱离质量。若航迹关联质量用 $C_{ra}(l)$ 表示，脱离质量用 $D_{ra}(l)$ 表示，其初值 $C_{ra}(0) = D_{ra}(0) = 0$。

若第 l 时刻判决为关联时，即

$$C_{ra}(l) = C_{ra}(l-1) + 1 \tag{5-7}$$

若第 l 时刻判决为不关联时，即

$$D_{ra}(l) = D_{ra}(l-1) + 1 \tag{5-8}$$

当满足 $C_{ra}(l) \geqslant Td_m$ 时，两航迹判决为固定关联对。其中，Td_m 为两航迹判决为固定关联对的门限值。当被判决为固定关联对后，不再进行关联判决，可以进入位置信息融合等后期的处理。

5.3.3 智能监视 CCTV 系统与光电联动技术

1．智能监视 CCTV 系统

海底电力电缆综合智能监控系统集成的智能监视 CCTV 系统可以实现在终端显控系统上通过选取目标实现对安装在监控点的光电设备自动选取目标的关联，可以让操作员实现摄像机的远程精确操控，进行目标识别、跟踪，全天候、全方位对地、海、空目标进行搜索、自动跟踪，同时将光电记录的视频信息实时存储，以便事后调阅分析。目前智能监视 CCTV 系统可以兼容主流品牌网络云台摄像机，包括海康威视、浙江大华等，支持实时预览、云台控制、自动定位、3D 定位、录像存储、远程回放和下载、报警信息接收和联动、电子地图、日志查询等多种功能。

智能监视 CCTV 系统由光学透雾可见光摄像机、红外热像仪、高精度云台及控制 SDK 组成，智能监视 CCTV 系统结构示意图如图 5-20 所示。

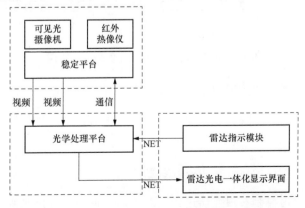

图 5-20　智能监视 CCTV 系统结构示意图

该系统可与雷达监视系统既互联互通，又相对独立运行；既能接受雷达引导，对雷达发现目标直接进行视频跟踪、录像、抓图取证等，又能向雷达反馈自身对目标的处理信息。

2. 光电联动跟踪技术特性

图像识别跟踪系统对于每一个监视视频源都有特定的图像识别程序，以对其进行特定识别，标记出相关信息，并根据视频源画面图像的变化智能识别发言者的位置，驱动摄像头云台对演讲者进行跟踪拍摄。被摄者无须佩戴任何标识性物品，简单、易用。视频序列目标跟踪是指对传感器摄取到的图像序列进行处理与分析，充分利用传感器采集到的信息来对目标进行稳定跟踪的过程。一旦目标被确定，就可获得目标的位置、速度、加速度等运动参数，进而获得目标的特征参数。在军事上，视频序列目标跟踪技术广泛应用于精确制导、战场机器人自主导航、无人机着降，靶场光电跟踪等领域。在现代高技术条件下的战争中，由于各种伪装、欺骗、对抗、反辐射技术大量使用，使得战场环境日益复杂，尤其是在复杂环境下的目标跟踪问题，成为该领域内研究的热点与难点。在民用上，该技术主要应用在智能视频监控、智能交通管制、医疗影像诊断等方面。图像识别跟踪技术和原理示意图如图 5-21 所示。

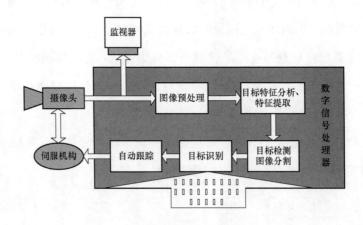

图 5-21　图像识别跟踪技术和原理示意图

光电联动跟踪技术是图像识别跟踪系统的再发展，它具备光学图像跟踪和识别核心算法技术，同时，为保证系统能够在户外恶劣环境中对目标进行稳定跟踪，光电联动跟踪技术采用了多项技术：

（1）利用数码视频稳像技术解决设备抖动问题。

（2）采用在线学习机制对跟踪器进行实时更新，保证目标外观和视角发生变化时依然能够迅速适应。

（3）存储多个模板，使得目标即使消失一段时间依然能够恢复跟踪。

（4）利用目标上的局部细节信息提高系统的抗遮挡能力。

（5）利用特征自学习技术挑选出最适合表达当前目标的特征，使系统不受到光照和阴影等影响。

（6）采用特征高速提取技术和深度神经网络目标位置预测技术，在目标相对变小的情况下也能进行实时稳定跟踪。

（7）能够识别目标的种类，提供必要的信息用于事后分析。

（8）检测系统能够精准定位目标外框，为目标的尺寸测量提供关键信息。

光电设备不但能接受雷达引导，对雷达探测目标进行自动跟踪、识别和视频跟踪，还能将自身识别信息反馈给雷达，与雷达双向通信，完成联动。系统配置灵活，可组网运行，也可独立工作，支持雷达和光电一对一、多对一、一对多、多对多等多种系统组成模式。

要检测动态场景中的运动目标，关键在于对场景的运动进行估计，通过估计出的运动参数补偿其运动，最后使用帧差法得到运动目标。运动图像提取步骤如图 5-22 所示。

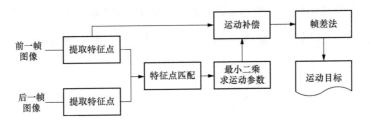

图 5-22 运动图像提取步骤

5.4 系统平台功能

5.4.1 系统平台架构及功能

针对国网港区海缆区界船舶抛锚、起锚、挖沙等人为因素造成海缆损伤事故频发的问题，采用船舶自动识别技术、VHF 通信技术、海事雷达技术以及 AIS 数据结合电子海图可视化等技术建立新型全方位可视化海缆区界防护系统。系统由 AIS 基站、AIS 监控报警可视化系统、VHF 电台系统、海事雷达监测系统以及传输网络组成。

根据总结的海缆历史运维经验，发现海缆外力破坏占比达 90% 以上，因此防止海缆外破隐患成为运维工作的重点，也是海缆综合智能监控系统的重要功能。

因特殊的群岛地理环境，舟山与大陆及岛际间供电多采用海底电力电缆。近年来，由于航行、修造、停港、施工的船只逐年增多，海缆锚损危险持续增加。面对严峻的安全形势，舟山电力局于 2007 年开始通过远程视频监控等技术对海缆进行监管，逐步建成并完善了以"一个海缆运维专业班组为基础、五项海缆运维技术监控系统为支撑、一个海缆监控中心为依托、一项海缆行业标准为指导，两项海缆应急联动机制为保障"的海缆防外损综合体系。建立该体系后，舟山电力局每年发现并制止的船舶威胁海缆的各种行为达百起以上，5 年里避免了极可能发生的海缆外力损坏事故超过 30 次，已连续 5 年实现了输电海缆"零锚损"的目标，有力促进了舟山电网的安全可靠运行。

浙江省电力公司舟山供电公司（以下简称舟山电力局）通过多年来的研发、测试，在原有远程监控技术的基础上形成了海缆综合监控一体化系统。该系统实现了对舟山电网输电海缆的多方位、多技术手段的立体化监控，满足对海缆运行区域防外力破坏的监控要求。此系统对原有的海缆监控报警系统进一步升级，充分应用国内监控报警领域里最先进的电子海图、AIS 信息、光电感应、热成像视频监控等设备或系统的功能和技术，来实现各自功能互补和系统联动，提高对监控区域船舶的识别率，提醒船只在禁锚区内不得锚泊。系统可有效屏蔽各种因素引起的误报警，并对海缆进行一体化监控，利用综合监控报警技术手段防止海缆锚损等事故的发生，也可为海缆了望台实现无人值班创造条件。该海缆监控一体化平台是业内首个、国内领先、全天候的海缆综合监控应用平台。

该系统主要包括雷达监控子系统、CCTV 联动监控子系统、无线远程语音子系统、光电扰动报警系统、海缆警示标志系统、AIS 系统，系统平台设计了完善的报警信息管理流程，通过各监控报警设备和系统间的数据计算、联动触发、相互鉴别、整体配合使系统的各项报警功能的准确性大大提高，真正搭建起一套完整的、实用的海缆运行立体式、全方位、全天候的综合监控联动一体化系统，实现对输电海缆全天候的有效管控，最终通过简单便捷的功能模块将海缆监控、预警、跟踪数据整合等功能展现。海缆综合监控一体化平台系统构架图如图 5-23 所示。

海缆综合监控一体化平台系统是一套实现海缆运维检修自动化、智能化、现代化的管控平台，是实现海缆健康管理、状态监测、水面目标态状监测、外力破坏预警、事件急速智能处置、信息要素可视化的现代化管理平台。

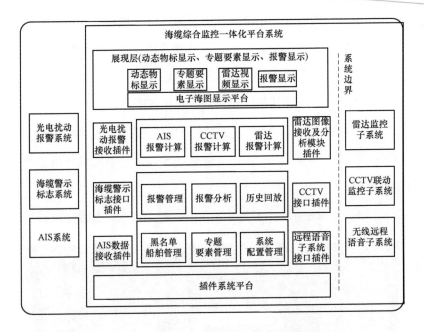

图 5 - 23　海缆综合监控一体化平台系统构架图

该平台包含以下功能点：

（1）系统登陆。

（2）实时探测：工具（测量功能、点定位功能）、图层管理（点线面）、显示设置（目标设置、场景设置、报警设置、光电设置）、实时数据（实时船舶、已消失的船舶、实时报警列表、报警处理、实时预警列表、已结束报警列表、历史报警列表、风险热点图）、海图显示（海缆显示、海缆编辑功能、目标报警状态显示、点目标显示、目标数据源不同显示）。

（3）历史回放。

（4）CCTV（相机列表树状图、云台控制功能）。

（5）信息管理：船舶管理、海缆管理、锚泊事件管理。

（6）平台管理：用户管理、运维管理。

（7）报警服务：输入报警规则修改、输出报警数据信息。

5.4.2　主要功能介绍

1.电子海图分图层管理

电子海图分图层管理可以选择的显示模式有纯海图模式、海图融合街道图模式、海图融合卫星图模式。

海图基本操作包括海图缩放、定位等，可以通过点击鼠标查询各种标绘 [标绘、船舶、通航环境（避让区、二级预警区、海底管道和海缆、核心保护区、架空电缆、警示牌、入水口、三级预警区、限制区、一级预警区、增补区等）]，并可以弹出对应的信息面板，在信息面板上可对应进行其他操作。具体操作如下：

（1）标绘。可以创建自定义标绘，并对标绘进行管理，标绘类型包括一般标绘（点、折线、多边形、矩形、圆等）、自定义通航环境等，其中通航环境包括自动生成和用户手动标绘的。

1）创建自定义标绘，创建后可以在标绘列表显示该标绘信息。标绘操作如图 5-24 所示。

图 5-24　标绘操作

2）创建自定义通航环境，由于通航环境的类型不同，在海图上绘制的标绘类型也有区别，除了海底管缆外，所有通航环境都可以自定义样式。创建自定义通航环境如图 5-25 所示。

图 5-25　创建自定义通航环境

（2）圈选。圈选包括圆选、框选，主要是在海图上画圆或矩形，对圈选出来的标绘（如船舶、标绘、通航环境）进行分类显示，并且在现实的列表中可进行查看、定位、编辑等操作，其中编辑包括编辑样式等。

（3）测量。测量功能包括测量距离、测量面积，如测量船只与海缆的距离、某一区域面积等。测量距离操作如图 5 - 26 所示。

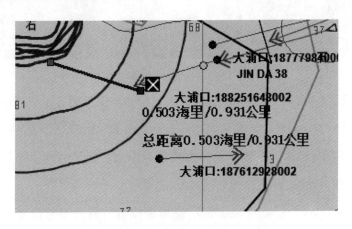

图 5 - 26　测量距离操作

2. 海缆分级预警

在实际海缆的运行过程中，海域内船只与海缆距离不同，对海缆的危害程度也会不同。通过分级预警功能能够为运行维护工作者提供更为清晰的海缆外环境状态，指导海缆的运行维护等相关工作。

（1）预警模式。根据与电缆的距离可以设置多级预警区和报警区。根据报警检测规则，报警类别分为一级预警（一级预警区）、二级预警（二级预警区）、三级预警（三级预警区）、报警（核心保护区）。预警报警区数据来源有用户使用标绘创建、系统根据海底管缆自动生成。核心保护区和预警区参数设置示例见表 5 - 1。

表 5 - 1　　　　　　　　　核心保护区和预警区参数设置示例

编号	区域	参数	编号	区域	参数
1	核心保护区	距离电缆不大于 500m	4	三级预警区	距离电缆不大于 1500m
2	一级预警区	距离电缆不大于 500m	5	避让区	距离电缆大于 1500m
3	二级预警区	距离电缆不大于 1000m			

预警报警规则要考虑船舶的白名单、黑名单和自定义类型的分组，同时还需参考系统环境模式、航行速度、速度持续时间、速度增量等参数，最后做出预警和报警动作。

规则参数设置界面如图 5-27 所示,环境模式包含大风模式和正常模式。报警功能检测的目标数据源包括 AIS、雷达等。

操作	规则类型	环境模式	最大速度(节)	最大速度增量(节)	最小速度(节)	持续时间(分钟)
	锚泊报警	正常	1.20	1	0	0.50
	锚泊报警	大风	2	1	0	3
	一级预警	不限	5	1	1.20	0
	二级预警	不限	5	1	0	0
	三级预警	不限	6	1	2.50	2

图 5-27 规则参数设置界面

(2)报警显示与处理。报警显示包括列表显示和海图界面显示。其中列表显示包括预警列表和报警列表、报警已结束未处理列表、全部表(由前三个表的所有数据组成)。列表上显示报警海缆名称、报警位置与海缆最近距离、报警时间、船舶名称、可信度(由数据源 AIS 和雷达综合评估)等信息。

在报警列表中可以进行处理报警、定位报警位置、当前船舶位置、轨迹回放等操作。处理船舶报警时,会弹出处理面板,输入需要处理的信息即可。报警处理界面如图 5-28 所示。除了实时报警外,还可以根据时间段、海缆、触发规则、船舶信息(名称、MMSI 等)查询历史报警记录。

图 5-28 报警处理界面

3. 船舶管理功能

(1)船舶信息分类。船舶信息包含船舶基本信息和船舶可选信息。船舶基本信息包括船名(中英文)、IMO、MMSI、呼号、编号、船舶类型、国籍、船级社证书、船长宽等。可选信息一：建成日期、造船厂、船体材料、船舶状态、救生设备最大数、最小干舷（米）、推进器种类、各货舱容积、甲板层数、客位、箱位、车位、最低安全配员数；可选信息二：主机制造厂、主机型式、主机缸径、主机数量、主机转速、主机缸数、主机功率、主机行程、船舶经营人、船舶所有人等。

船舶信息分类功能可以设置船舶标签显示的颜色、显示内容优先级（备注优先/船名优先）；可以设置每一艘船舶的标签显示与否，并且可以设置显示的内容、显示的位置等属性。船舶目标会根据船舶类型（基本信息类型判断、AIS 船舶报文解析类型判断）在海图上区分显示。船舶基本信息示意图、船舶标签示意图分别如图 5 - 29、图 5 - 30 所示。

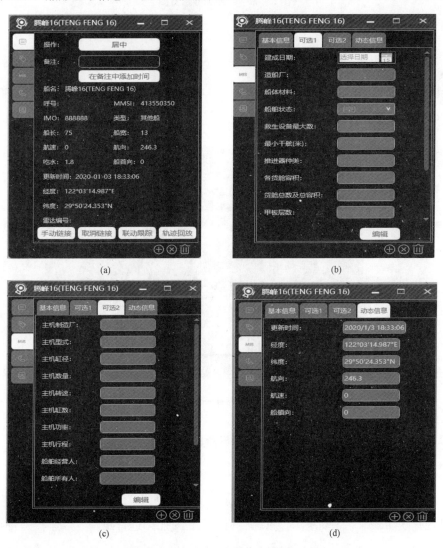

图 5 - 29　船舶基本信息示意图

（a）船舶基本信息；（b）船舶基本信息可选 1 内容；（c）船舶基本信息可选 2 内容；（d）船舶动态信息

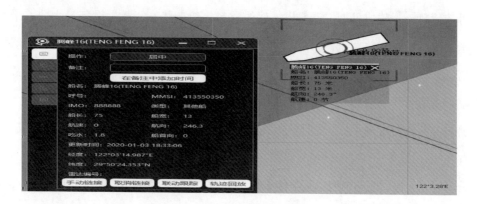

图 5-30 船舶标签示意图

（2）船舶轨迹回放管理。船舶轨迹回放包括区域回放和多船舶回放两种。

1）回放控制。可以在海图界面上框选一个矩形区域，然后选择回放的时间段，便可在海图界面上进行船舶轨迹回放，回放时可以拖动滚动条进行回放或者设置回放速度。其中回放时用户可以指定是否跳过无数据时段。轨迹回放示意图如图 5-31 所示。

图 5-31 轨迹回放示意图

2）区域回放。可对某个区域内的船舶进行回放。

3）多船回放。可以选择多个船舶进行回放。

4. 跟踪功能

可选择联动跟踪、手动跟踪，系统会利用云台对船舶进行跟踪，以监控是否存在安全或者可疑船只。同时 CCTV 视频以视频形式流传到客户端，客户端可进行视频播放显示。

5. 信息管理功能

信息管理功能主要包括标绘信息、云台视频与海底管缆关联信息、AIS 基站列表、雷达列表、各类区域列表、锚泊点热力图、锚泊事件信息、CCTV 视频信息、事故统计信息等。

（1）标绘信息。系统可以根据实际需要，导入固定区、有效区和避让区列表，根据实际运行段的需要划分区域，提供雷达列表菜单，展示雷达固定区信息数据。

（2）锚泊热力图。系统海图可以根据产生报警的船舶锚泊数据生成锚泊热力图。海缆管理单位可以根据锚泊热力图动态调整运维策略，提出相应的技术和管理手段，对海缆安全运行隐患提出针对性措施。

（3）锚泊事件信息。锚泊事件信息包括时间、线路、船舶类型、处理方式、处理结果、是否锚损等，系统可根据锚泊事件信息来分析事故的原因，找出薄弱环节总结经验，并采取合理化措施。

（4）事故统计功能。事故统计信息包括事故的时间、处理方式和持续时间，通过事故统计系统能够分析和记录区域内海缆的事故时间频率，以在事故高发时间段采取预防性措施。

5.5 系统应用实例

5.5.1 实例一

某日 5：28，国网舟山供电公司海缆监控一体化平台报警"500kV 线海缆保护区发现违章锚泊船舶，距离 C 相海缆××米"，此情况极有可能损坏海缆，危及舟山电网可靠供电。

6：01，国网舟山供电公司通知 500kV 海缆巡航船"中国××"前往违章船舶锚泊现场应急处置；6：02，联系舟山海事局报备该起事件并通过海事交管 VHF 高频呼叫该船；6：09，通过海缆监控大数据中心查询到该船联系方式，确认该船主机故障已抛锚，并告知该船切勿起锚损坏 500kV 海缆；6：19，联系舟山海警局请求现场应急处置支援；6：23，500kV 海缆巡航船"中国××"到达现场进行监督管控，告知该船船长必须做砍锚处理，否则危害巨大，该船船长同意砍锚；6：31，该船砍锚成功驶离 500kV 海缆保护区。

5.5.2 实例二

某日 9：20，一体化平台报警"110kV 厚双××线有船疑似抛锚，船名 Z9，船长 30m，船宽 6m，MMSI 码 41283，航速 0.3 节，经纬度为东经 122°′北纬 29°，距离海缆 500m"。此时为涨潮。9：23，联系奉化渔业得知联系不到该船。9：25，联系附近船只 y79 得知该船已抛锚，由于锚泊船只距离海缆较远，让其帮忙联系该船驶离海缆保护区，海事监控中心加强监控。12：02，Z9 驶离海缆保护区，处理结束。

海缆线路是大陆至舟山联网的主通道，是各海岛之间重要的电力联络，在保障民生和提高供电可靠性方面有着举足轻重的地位。舟山电力公司在实践中不断摸索，利用国内外先进技术以及"大云物移智"安防领域的新成果，将电子海图、AR 增强联动视频、船只 AIS 和雷达信号融合认证等结合起来，不断优化此个国内领先的海缆综合监控一体化平台，做到海缆监控信息分级预警及大数据综合研判，大大地提升了海缆防外破水平。为海底电力电缆的运维检修提供了数据支撑和技术支持，也为国内相关行业分析提供了内容借鉴。